UN LIBRO ~~SERIO~~ (GUAY) SOBRE AVIONES

© 2018 by Dario Borhani
© Ilustraciones de Marta Genís
Corrección de Toni Romero
Publicado originalmente en español, en 2019
ISBN: 9781983354274

Cualquier forma de reproducción, distribución, comunicación pública o transformación de esta obra solo puede ser realizada con la autorización expresa de sus titulares, salvo excepción prevista de la ley.

A todos aquéllos que creen que los pequeños proyectos, al igual que los aviones de papel, también pueden volar.

Prólogo

Camina hacia el futuro, abriendo nuevas puertas y probando cosas nuevas, sé curioso porque nuestra curiosidad siempre nos conduce por nuevos caminos.

WALT DISNEY

Y la curiosidad nos hizo volar. Desde los inicios de la civilización, conquistar el cielo ha sido el sueño de incontables generaciones de curiosos. Y de valientes. Y de ingeniosos. Las alas de Ícaro se han alzado una y otra vez, para caer e intentarlo de nuevo, hasta que nos hemos ganado un lugar en el cielo.

Esta colección de anécdotas y curiosidades vive de ese mismo espíritu. Desde una aproximación sencilla, permite al lector introducirse de la mano de los autores en el apasionante mundo de la aviación. Cualquier curiosidad que un pasajero haya sentido por esos enormes pájaros metálicos con los que surcamos los cielos día a día encuentra su respuesta. ¿Cómo aterrizan los pilotos sin visibilidad? ¿Qué pasaría si un ave entrara en el motor del avión? Éstas y muchas otras historias esperan al lector en las siguientes páginas. Algunas nos sacarán una carcajada, y otras nos pondrán la mente "en modo avión" para absorbernos completamente con sus imágenes.

El libro es una invitación a dar un paseo a través de los éxitos y fracasos acumulados en el camino. Desde los inicios de la aviación hasta el día de hoy, nos acercamos un poquito más al increíble mundo del transporte aéreo, que ya hoy, y de manera definitiva, ha cambiado el mundo.

Oriol Lordan
Profesor de la UPC

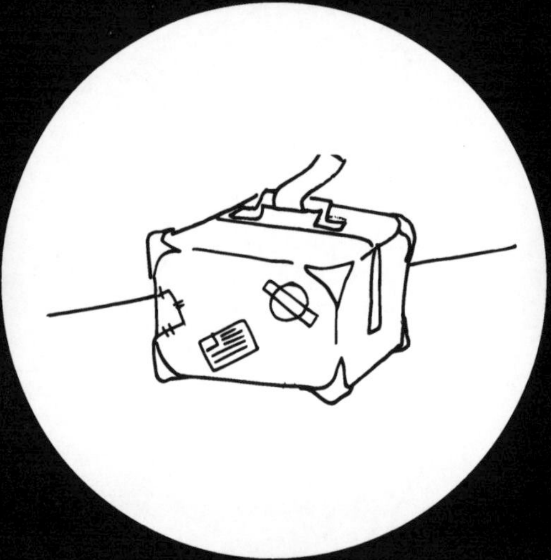

PASAJEROS

08.01.1989. La investigación del accidente ocurrido en Kegworth demostró que adoptar una postura adecuada antes de un impacto minimizaba los daños de las personas. Esta posición es usada hoy en día como procedimiento.

BRACE!

Posición ante cualquier situación

Durante una emergencia, inclinar el cuerpo hacia el asiento delantero protegiendo la cabeza evita que el cuerpo sufra el "efecto látigo". Además, esta posición protege la cabeza de objetos que puedan caer de los compartimentos. Los pilotos avisan a los pasajeros que adopten esta posición mediante el término *Brace* o la expresión *Brace for impact,* que se traduce como "Preparados para el impacto".

Esta posición también puede evitar los golpes que te da tu madre por haberte dejado la crema solar en casa.

02.12.1919. Entra en servicio el Handley Page W8, el primer avión comercial con un lavabo a bordo.

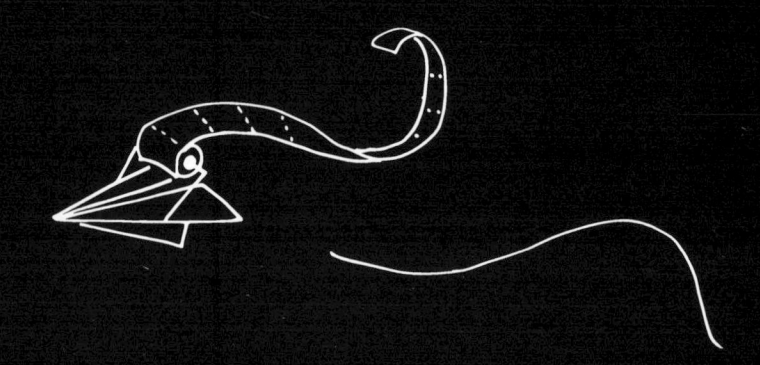

Necesidades de altura

Los lavabos de los aviones pueden ser abiertos desde el exterior pese a estar cerrados desde el interior. Esto permite a la tripulación acceder a él en caso de haber un pasajero inconsciente, alarma de fuego u otro tipo de emergencia.

INSTRUCCIONES PARA ABRIR EL LAVABO:

TOP SECRET

15.01.2009. Un avión de US Airways ameriza en el río Hudson. Aunque no hubo víctimas, un 70% de pasajeros admitieron que no escucharon las instrucciones de seguridad antes del despegue y solo 10 pasajeros supieron ponerse los chalecos salvavidas.

Citas a ciegas

Durante las maniobras de despegue y aterrizaje, las luces se apagan para que los ojos se acostumbren a la oscuridad. De esta forma, en caso de emergencia, las señales visuales que indican salidas de emergencia serán más fáciles de ver por el pasaje.

04.1925. Imperial Airways, en un vuelo de Londres al continente, pone la primera película a bordo de un avión.

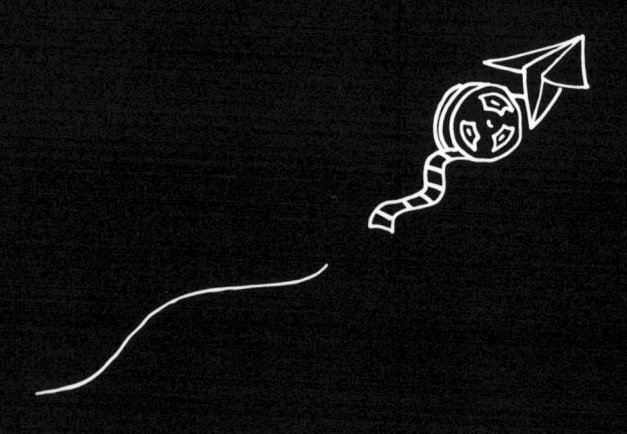

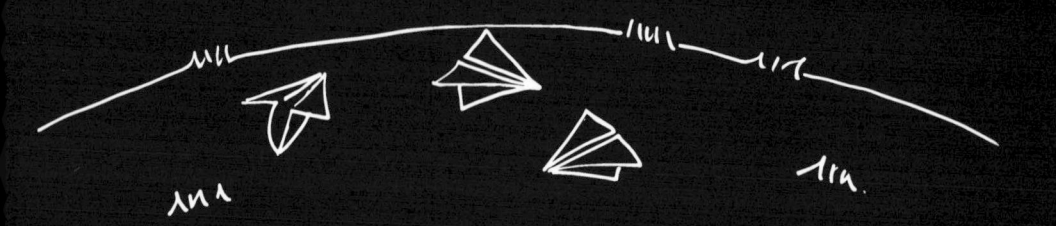

¡Ventanas subidas!

Las ventanillas deben de estar subidas durante el despegue y el aterrizaje para que así, en caso de evacuación, la tripulación sepa cuál es la situación en el exterior. De esta forma, la tripulación puede determinar qué salidas de emergencia no pueden ser utilizadas debido a obstáculos o fuego.

08.06.1921. Harold HARRIS vuela por primera vez en una cabina presurizada. Aun así, la presurización de las cabinas tardará en implementarse en los vuelos comerciales.

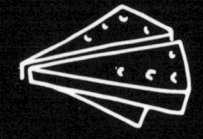

INFO

A grandes alturas la presión atmosférica es menor, por lo que es necesario presurizar la cabina. La presurización consiste en bombear aire del exterior para garantizar un entorno respirable y seguro para los pasajeros.

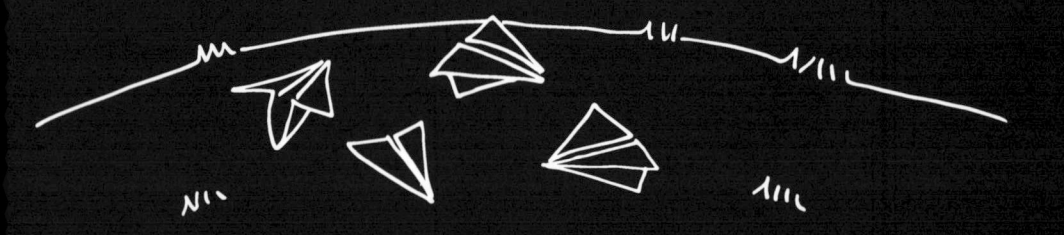

Tomar el fresco, algo imposible

Las puertas de los aviones están diseñadas para que sea imposible abrirlas durante el vuelo. La diferencia de presión que existe debido a la altura entre el interior y el exterior hace que desde el interior la puerta quede presionada y desde el exterior ésta quede succionada.

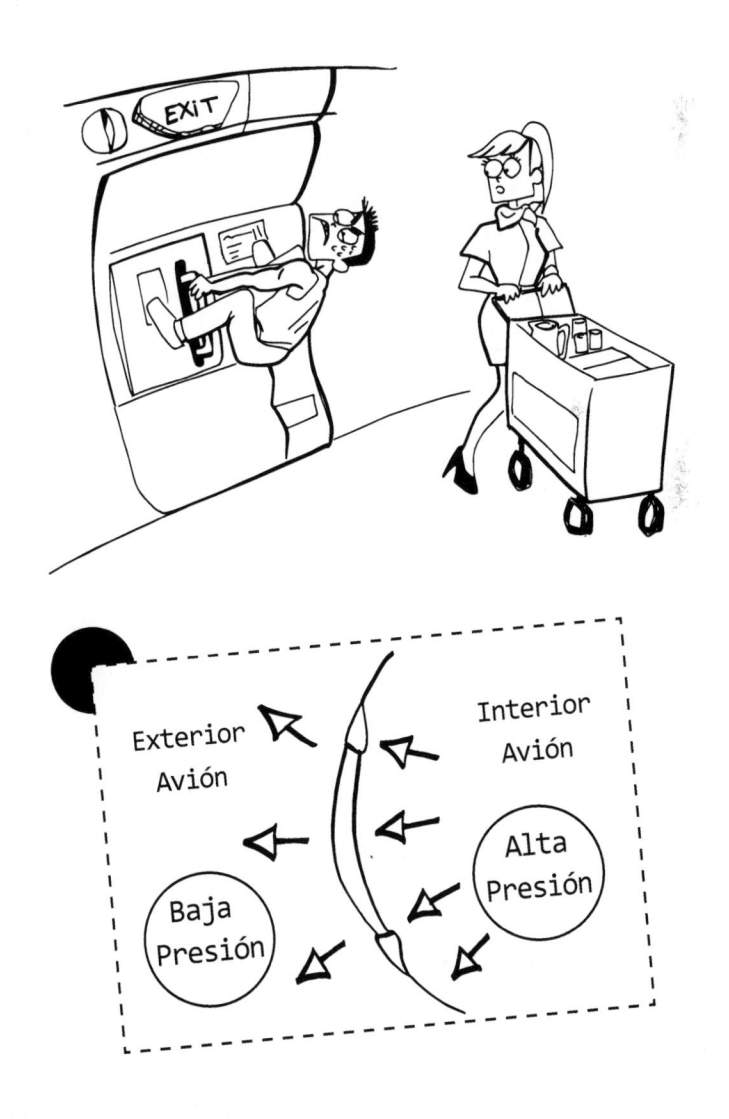

1939. Durante la Segunda Guerra Mundial aparecen los primeros casos de enfermedades descompresivas en pilotos debido al aumento en las altitudes de vuelo.

Quien espera desespera

La Enfermedad Descompresiva tiene lugar al haber un cambio drástico en la presión y puede tener consecuencias graves.

¡BUCEADORES, AL LORO!

Los buceadores deben esperar hasta 24 horas después de una inmersión antes de tomar un vuelo. Al respirar aire a presión proveniente de una bombona, parte del nitrógeno se aloja en los tejidos. Si se toma un vuelo y no ha transcurrido el tiempo necesario para la liberación del nitrógeno de forma natural, una menor presión debida a la altura hace que el nitrógeno pase a la sangre en forma de pequeñas burbujas causando dicha enfermedad.

16.07.1948. Tiene lugar el primer secuestro de un avión en China. El suceso terminó en una tragedia en la cual tan solo sobrevivió el líder de los secuestradores.

La ocasión hace al ladrón

Robar material de un avión, a parte de la multa si te pillan, en España está considerado un delito penado por ley, ya que se atenta contra la seguridad de las personas. Además, un avión no volará si no tiene todo el material de emergencia a bordo.

28.07.1938. Se prueban las primeras máscaras de oxígeno modernas fabricadas por la Mayo Clinic, Minnesota, EUA.

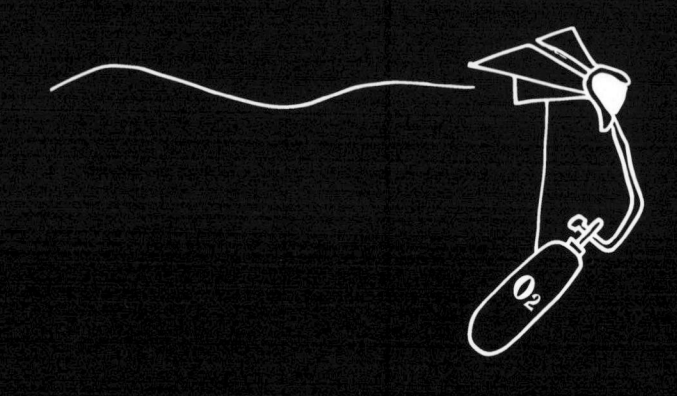

Inspira, expira. ¡Una vez más!

Al perderse la capacidad de suministrar el oxígeno necesario a los pasajeros, es decir, una descompresión en el interior del avión, las mascarillas proporcionan oxígeno a los ocupantes solo durante unos 10-12 minutos. Aun así, este tiempo es suficiente para que el avión realice un descenso de emergencia hasta una altitud donde se pueda respirar normalmente.

09.01.1943. El Lockheed Constellation se convierte en el primer avión comercial que transporta pasajeros con una cabina presurizada.

El oxígeno de las mascarillas

El oxígeno que se proporciona a través de las mascarillas en caso de emergencia es generado mediante una reacción química, generalmente de clorato de sodio. Cuando el pasajero tira de la mascarilla, la reacción, que produce olor a quemado, se activa y no puede detenerse una vez comenzada. En el avión, hay un generador por cada bloque de asientos.

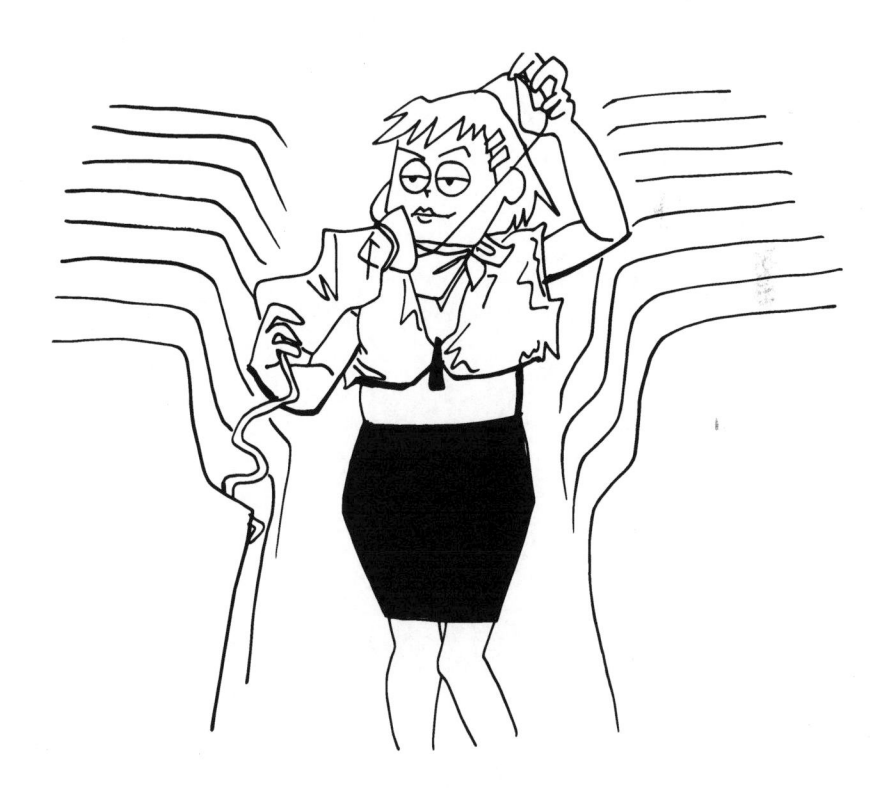

03.01.1957. Trans World Airlines es la primera compañía aérea en ofrecer café durante sus vuelos.

Sed de camello

A grandes alturas el aire exterior tiene poca cantidad de vapor de agua. Como el aire que se respira durante el vuelo proviene del exterior, esto hace que el aire dentro del avión también tenga una humedad relativa baja. Estas condiciones hacen que durante el vuelo el cuerpo pierda agua. Por esta razón, es recomendable hidratarse continuamente, especialmente durante vuelos largos.

1849. Primera persona en un avión cuando George CAYLEY construye un modelo que es remolcado colina abajo con un niño a bordo.

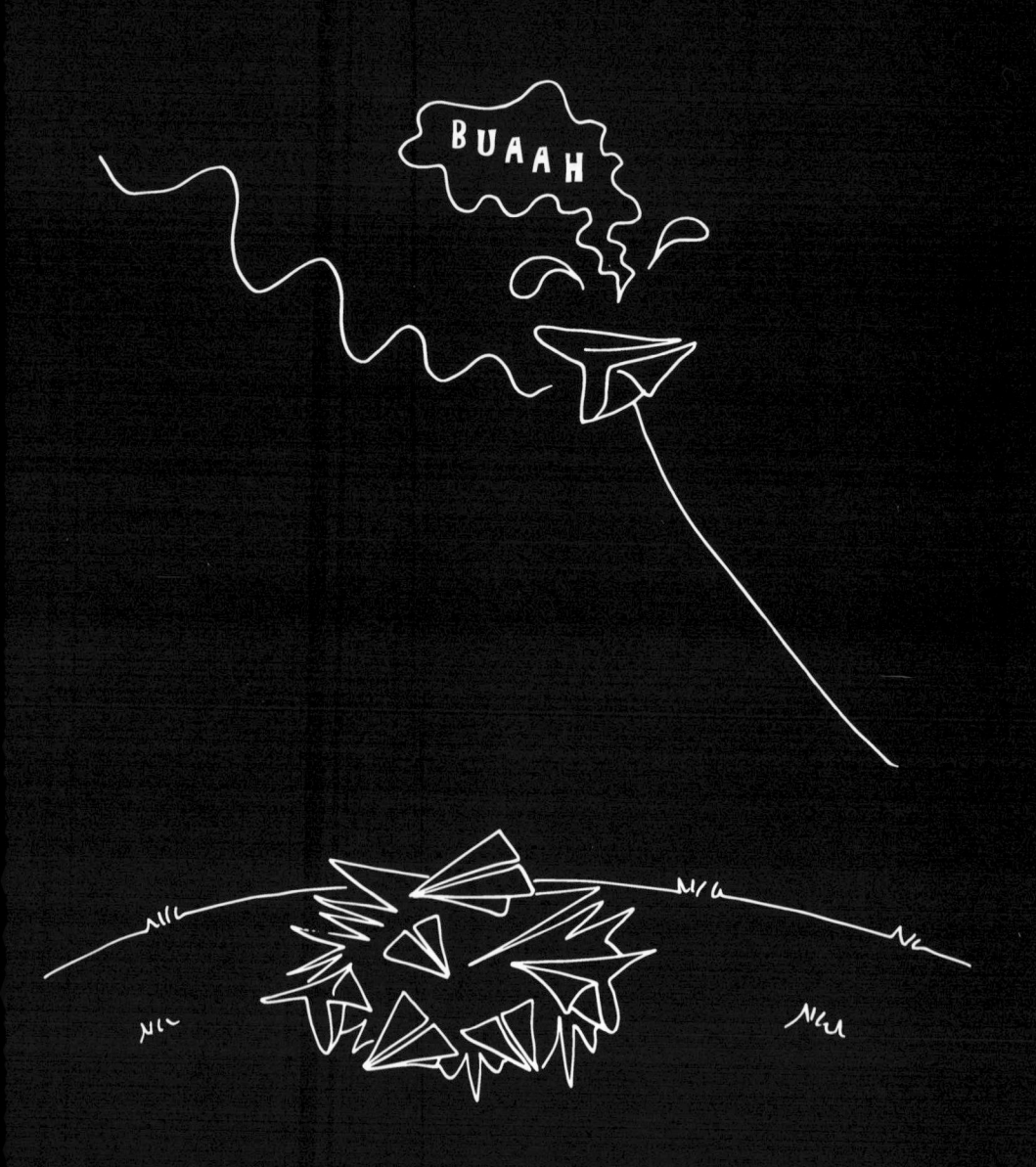

Estar hecho un chaval

Las salidas de emergencia a lo largo del fuselaje siempre deberán llevar un pasajero al lado que sea capaz de abrirlas en caso de evacuación. Si hubiera un anciano o un niño, la tripulación podrá cambiarlos de asiento y poner a otra persona al lado de la salida.

1960. Durante esta década se equipan los primeros aviones con escaleras de acceso incorporadas. Esto permitió agilizar los embarques y desembarques de pasaje, ya que no era necesario esperar a escaleras externas. Los primeros aviones fueron el Boeing 727 y el DC-9.

Tradiciones militares

Los pasajeros siempre entran al avión por el lado izquierdo pese a tener puertas en ambos lados. Desde un principio, los militares montaban a sus caballos por el lado izquierdo, puesto que era el mismo lado donde la mayoría, al ser diestros, llevaba el sable o la espada. Si montaban por el lado opuesto el mismo sable molestaba al subir o podía llegar a herir al caballo. Fue así como, más adelante, en los barcos y aviones de combate se mantuvo el acceso por el lado izquierdo hasta llegar a los aviones comerciales.

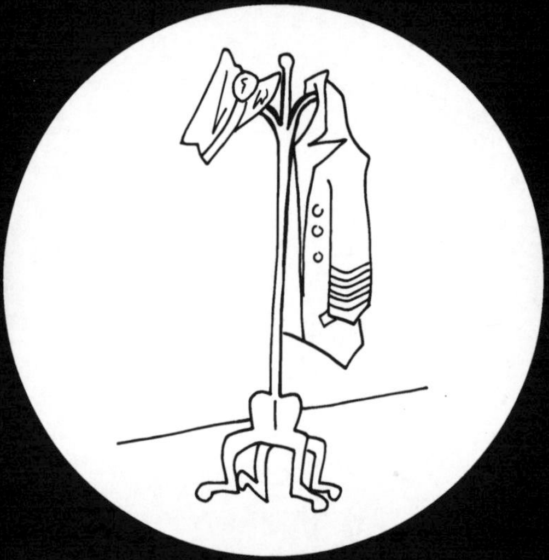

TRIPULACIÓN

1914. Lawrence SPERRY inventa el primer piloto automático, que fue presentado ese mismo año en Francia.

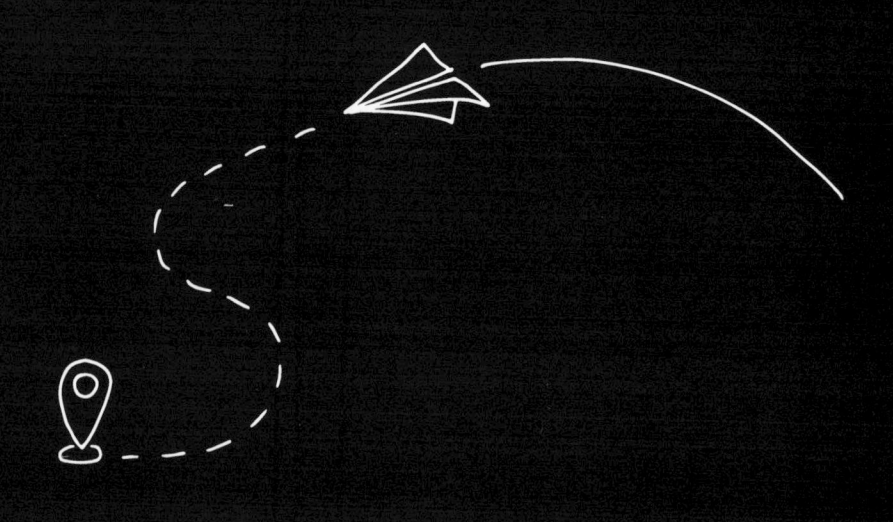

Comandante y copiloto

<u>El Comandante:</u> Máxima autoridad durante el vuelo y encargado de la toma de decisiones a bordo. Típicamente sentado a la izquierda del avión y con 4 barras en el hombro.

<u>Primer Oficial o Copiloto:</u> Segundo al mando, su función es asistir al comandante durante las diferentes fases del vuelo. Una de sus funciones, entre otras, es hacerse cargo de las comunicaciones. Llevan 3 barras en el hombro.

30.01.1933. Vuela por primera vez el Curtiss Condor, el primer avión en ofrecer camas a bordo.

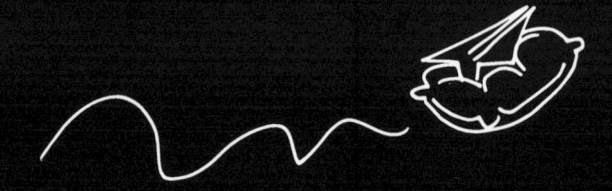

Los tripulantes de cabina

Tripulantes de Cabina de Pasajeros (TCP): Son los que garantizan la seguridad de los pasajeros y los atienden cuando sea necesario. Cada uno es responsable de una salida de emergencia en caso de evacuación. Dar cacahuetes no es su función principal.

Sobrecargo: Es un TCP, normalmente con experiencia, responsable de la seguridad de la cabina de pasajeros, del contacto con los pilotos y de la coordinación cuando el avión está en tierra.

03.1912. Heinrich KUBIS empieza a trabajar como azafato, y se convierte en el primer hombre de la historia en hacerlo.

—El jefe escoge, tú te aguantas

Al piloto y al copiloto normalmente se les sirven comidas distintas. Así, en caso de intoxicación alimentaria, siempre habrá uno de los dos que podrá hacerse cargo del avión.

11.04.1952. Después de que el vuelo 526A de Pan Am se precipitara al mar cerca de Puerto Rico, se decidió empezar a dar instrucciones de emergencia a los pasajeros antes de los vuelos para trayectos por encima del mar.

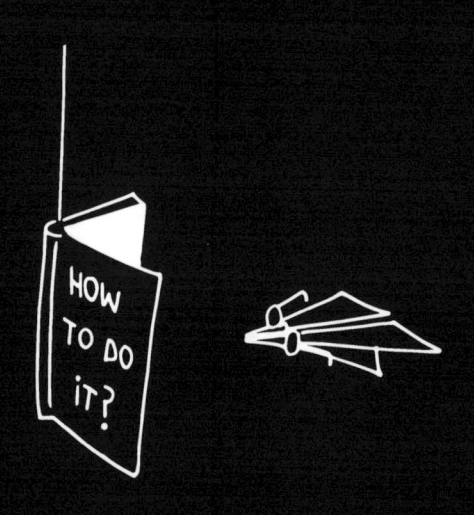

Tarzán abandona la cabina

Igual que los pasajeros disponen de salidas de emergencia a lo largo del avión, los pilotos tienen las suyas por sus propias ventanas. En la misma cabina tienen unas cuerdas ancladas al techo para poder saltar y llegar hasta el suelo. Este método supone para los pilotos una vía de escape en caso de que la puerta de la cabina quede atascada o no puedan salir.

1954. En este año, la empresa Air Cruisers presenta los primeros toboganes inflables usados para evacuaciones de emergencia.

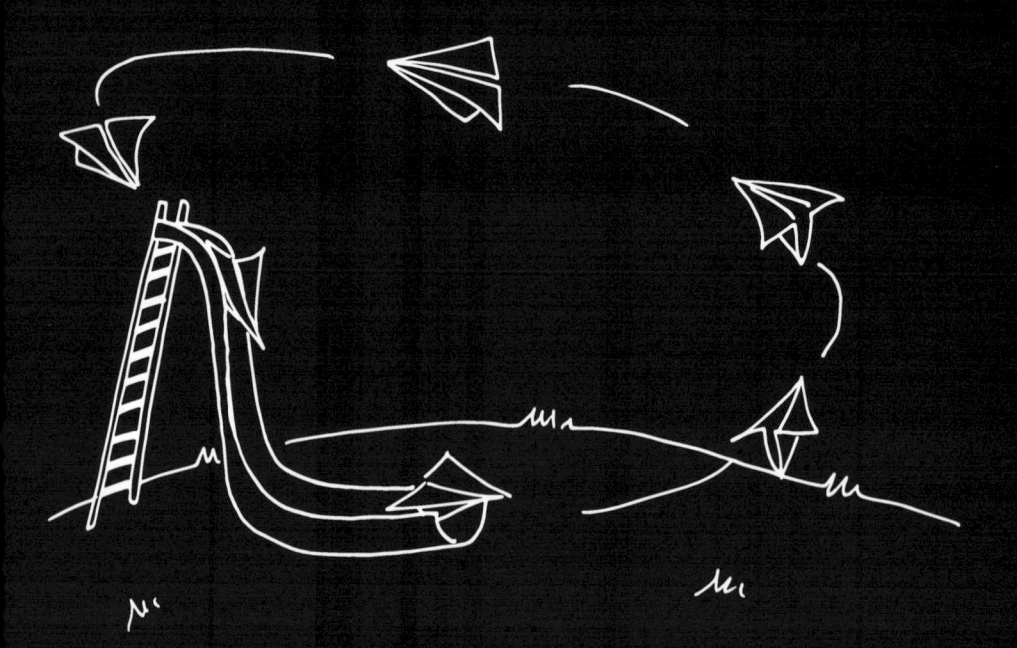

Armar rampas y *Cross-Check*

Armar las rampas significa preparar la puerta del avión para que así, en caso de emergencia, se despliegue el tobogán inflable para facilitar la evacuación. Las rampas se deben armar cuando las puertas se cierran para el despegue y se deben desarmar para la abertura normal de puertas.

Para verificar que las rampas están bien armadas se realiza el *Cross-Check*. Esta medida de seguridad consiste en la comprobación, por parte de un tripulante diferente al que ha armado las rampas, que el proceso se haya hecho correctamente.

Si ambos tripulantes se olvidan de desarmar las rampas → Los toboganes se despliegan → ¡Diversión al bajar del avión!

10. 1911. Primer uso militar de un avión. Un avión italiano espía posiciones turcas durante la guerra turco-italiana.

—¿Quiquiriquí?
—Quiquiriquí

Uno de los nombres que aún se usan para denominar a la cabina de pilotos es el de *Cockpit*. Esta palabra se usaba para dar nombre al lugar donde se realizaban las peleas de gallos. Al ser un sitio desde donde se peleaba y se podía perder la vida, la cabina de pilotos empezó a ser conocida con este término a partir de la Primera Guerra Mundial.

1910. Benjamin FOULOIS equipa su avión con el primer cinturón de seguridad en una aeronave. Dicho cinturón era una tira de cuero extraída de una silla de montar a caballo.

¡Volando voy!

Debido a que el aterrizaje y el despegue son los momentos más delicados del vuelo, los tripulantes de cabina, así como los pasajeros, deben estar sentados y con el cinturón abrochado durante ambos procedimientos. Cuando el avión se dispone a aterrizar o a despegar, el piloto avisa a la tripulación por el altavoz de cabina para que tomen asiento.

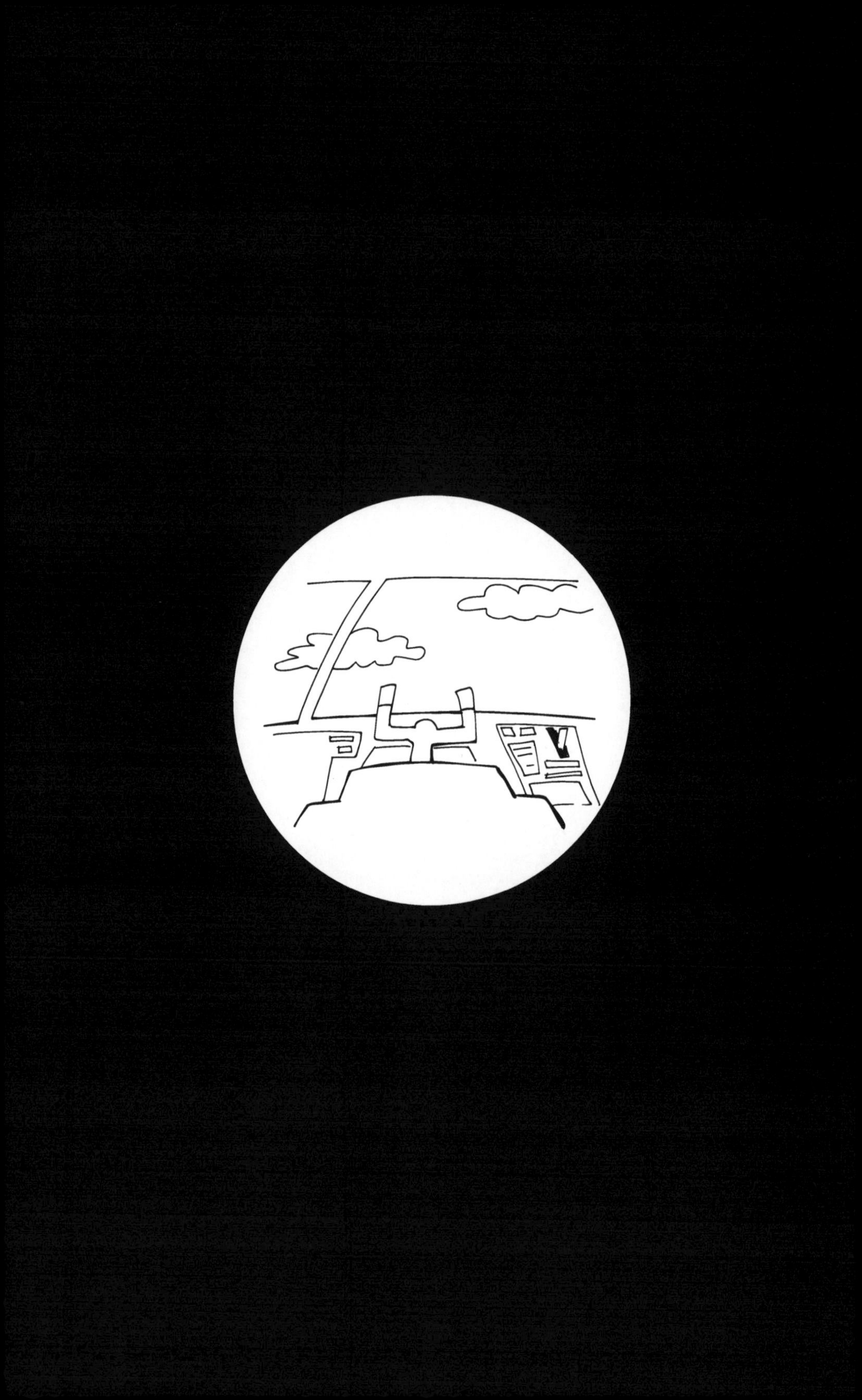

AVIÓN

1905. Orville WRIGHT es el primer piloto en reportar un choque contra un pájaro cuando volaba con el Flyer I.

3, 2, 1...
¡Pollo!

Inventado a mediados de los cincuenta, el *Chicken Gun* es un cañón de aire comprimido que utiliza pollos muertos como proyectil. Éste es utilizado para poner a prueba la seguridad de los motores y de los parabrisas de los pilotos frente a un choque con aves.

Oferta

NUGGETS 1€

23.09.1999. Un Boieng 747 de la compañía Qantas se sale de la pista durante el aterrizaje debido, entre otros motivos, al estado de la pista por la lluvia.

Pista de... ¿Patinaje?

En situaciones en que el riesgo de *aquaplaning* en la pista sea alto, el aterrizaje se realiza de forma más brusca de lo normal para evitar la salida de pista y asegurar la frenada. A esta forma de garantizar el aterrizaje se la conoce como "toma dura, toma segura".

El *aquaplaning* es una pérdida de tracción y control de las ruedas al estar la pista encharcada.

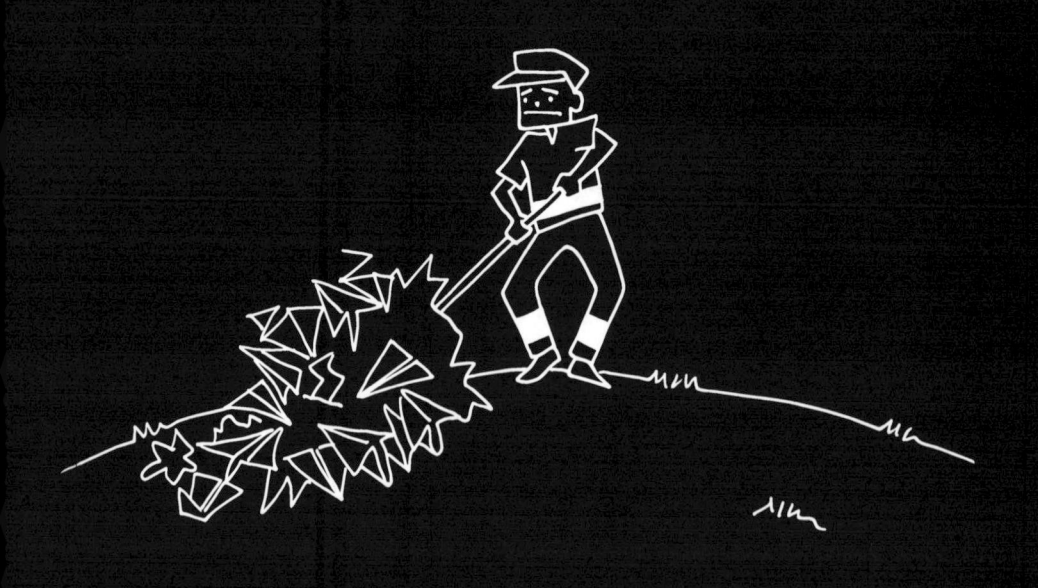

Las resistentes cajas negras

Las cajas negras que llevan los aviones comerciales son unos dispositivos que permiten a los investigadores saber qué pasó en un avión antes de un accidente. Cada aeronave posee dos cajas, situadas en la parte trasera de la aeronave. Una de ellas se encarga de registrar los datos del vuelo, mientras que la otra registra las grabaciones de voz en la cabina de pilotos. No se llaman cajas negras porque su color sea negro, sino porque solo se usan cuando ocurre un accidente. De hecho, están pintadas de naranja fluorescente para que sean más visibles.

Estas cajas son sometidas a numerosas pruebas de presión, golpes y altas temperaturas.

27.08.1939. Erich WARSITZ realiza el primer vuelo propulsado únicamente por motor a reacción.

¿Estelas o pasarelas?

FASHION WEEK
Desfile de pájaros sobre estelas de aviones.

El cambio brusco de temperatura entre los gases calientes, provenientes del motor, y el aire exterior hace que veamos las estelas que dejan los aviones al pasar. El vapor de agua, presente en los gases que expulsan los motores, se condensa rápidamente debido a la baja temperatura existente a gran altura y forma pequeños cristales de hielo.

1930. Durante esta década los aviones se dejaban sin pintar debido a la mala calidad de la pintura, la cual aumentaba mucho el peso de la aeronave, tenía mala adherencia al metal y llegaba a crear daños debido a su composición.

—4.000 botes de pintura, por favor

El rozamiento con el aire durante el vuelo y la radiación solar hacen que la temperatura del fuselaje aumente; de este modo, el color más adecuado para pintar un avión es el blanco, ya que es el que menos calor absorbe.

Otra razón es la facilidad con la que las compañías pueden vender y comprar aviones si éstos no están pintados en exceso o con colores muy llamativos. Además, hay que tener en cuenta que pintar un avión supone un aumento considerable de peso.

04.07.1911. Horatio BARBER realiza el primer vuelo comercial cuando transporta una caja de bombillas para General Electric.

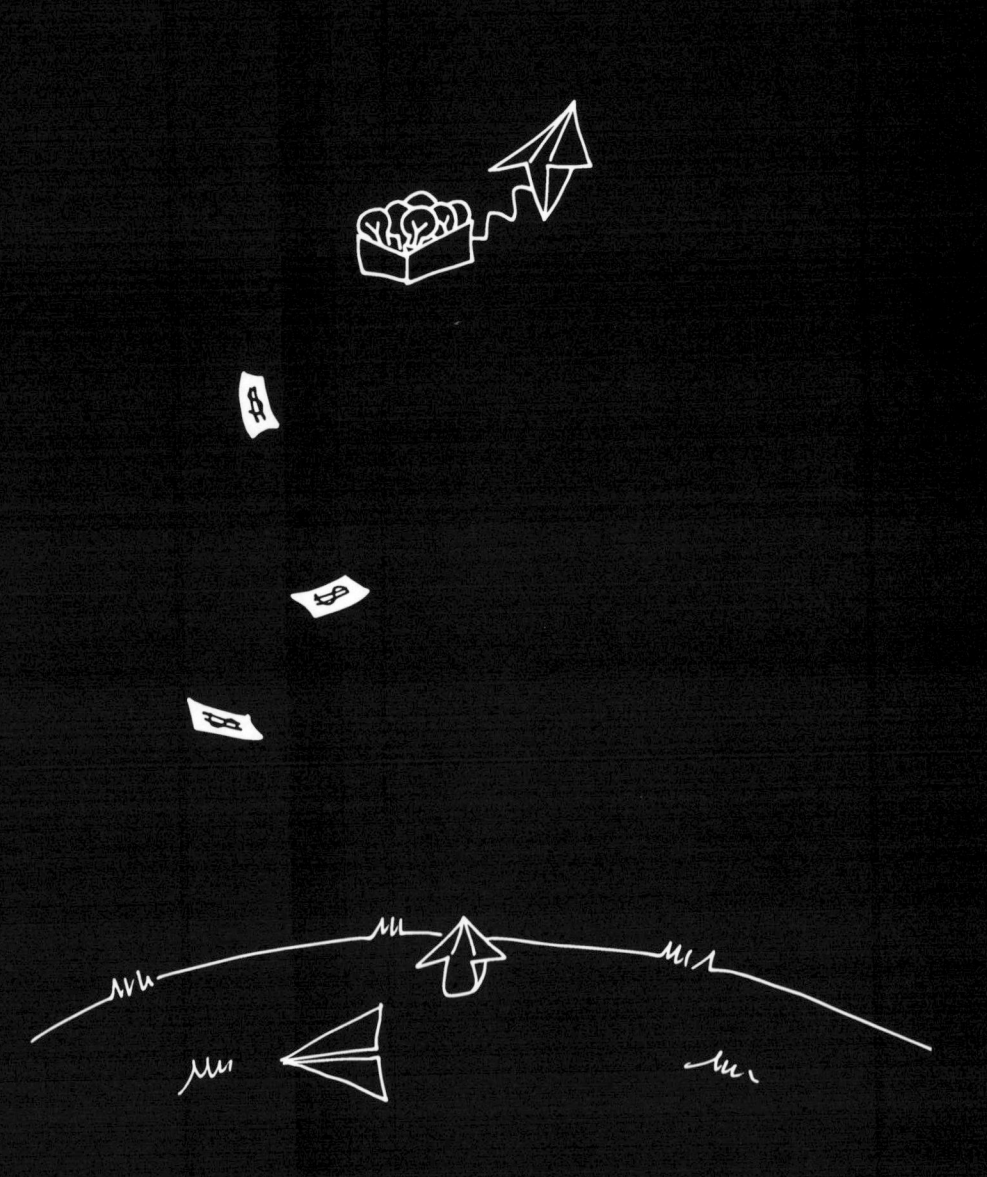

Volar sin electrocutarse

Es habitual que los aviones reciban impactos de rayos. Sin embargo, esto no afecta ni a los pasajeros ni al avión gracias al efecto conocido como "la jaula de Faraday".

INFO JAULA DE FARADAY

Cuando en un recinto de metal cerrado, como en el caso de un avión, se recibe el impacto de un rayo, el campo eléctrico se transmite únicamente por el exterior, siendo nulo en el interior. Es decir, el rayo entra y sale del avión sin causar daños.

Aún no habiendo un peligro para la seguridad en vuelo de la aeronave, cuando un avión recibe el impacto de un rayo, los técnicos lo inspeccionan al detalle una vez en tierra.

1990. Fue durante esta década cuando se prohibió fumar en casi todas las compañías aéreas.

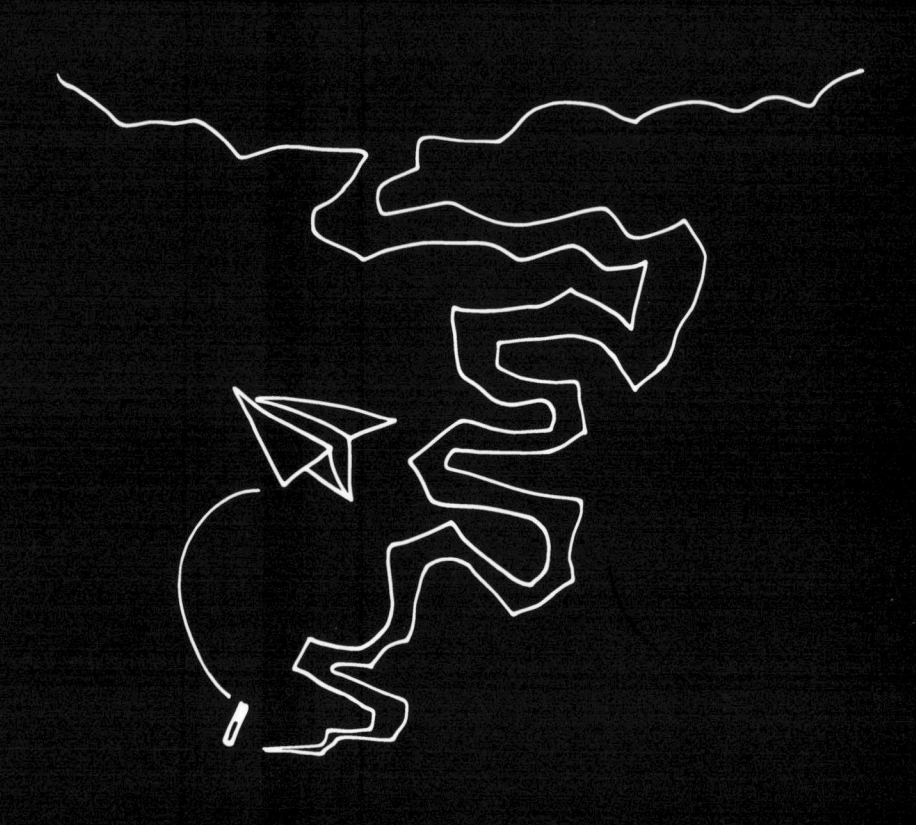

Aire fresco

El aire que se respira dentro del avión durante el vuelo proviene del exterior. Parte del aire comprimido por los motores es desviado hacia el sistema de aire acondicionado, donde se enfría, ya que el hecho de comprimirlo lo eleva a una temperatura de unos 450°C. Posteriormente se mezcla con aire ya usado y se filtra antes de ser introducido en la cabina.

1910. William E. SOMERVILLE patenta la forma redondeada de la punta de las alas, llamada *winglets*. Esta prolongación del ala está presente en casi todos los aviones actuales.

Winglets, la eficiencia primero

Los *winglets* son unos dispositivos con forma de aleta utilizados en las puntas de las alas. Con esta extensión se ve aumentada la eficiencia aerodinámica del ala durante el vuelo, lo que conlleva un ahorro considerable de combustible. El motivo por el cual existe una mejor eficiencia es debido a la disminución de la turbulencia que se crea en el extremo del ala.

Los *winglets* son fácilmente visibles desde las ventanas.

02.05.1952. Entra en servicio el de Havilland Comet 1, el primer avión comercial propulsado por motores a reacción.

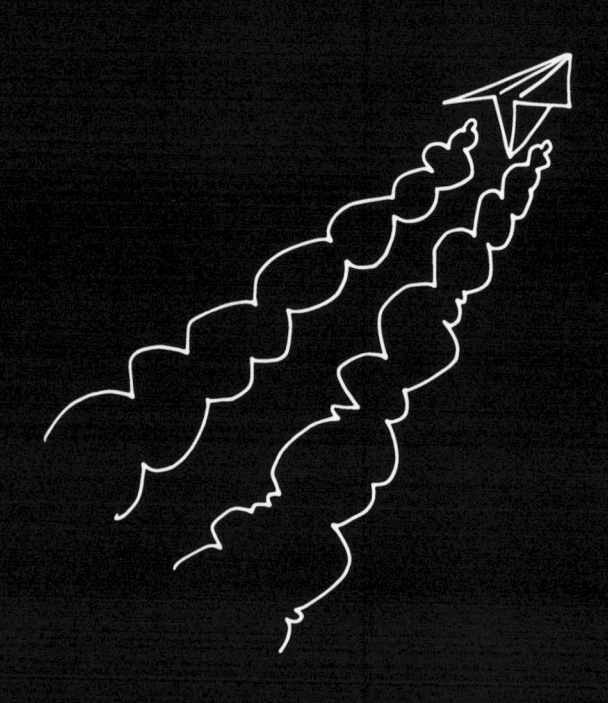

Un gran avión, un gran consumo

Un motor como el de un Airbus 320 ingiere una cantidad de aire de 300 metros cúbicos por segundo a máxima potencia. Es decir, cada motor consumiría el volumen de aire equivalente a una piscina olímpica en 8 segundos aproximadamente.

1943. Durante la Segunda Guerra Mundial se equipan los primeros aviones con disipadores de electricidad estática. Estos dispositivos aún son utilizados en los aviones actuales.

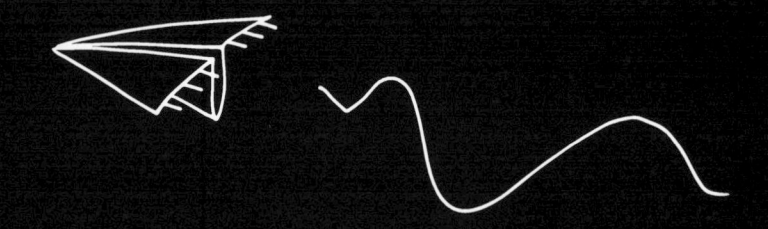

¡Volar genera electricidad!

Durante el vuelo, el avión se carga de electricidad estática debido al rozamiento con el aire. Para disipar esta energía existen unas pequeñas antenas en el borde de las alas que se encargan de ir descargando esta electricidad constantemente.

1920. Se crea en EUA el *Highway of light,* un conjunto de flechas gigantes, situadas en el suelo e iluminadas por una luz, que guiaban a los pilotos de correos en los trayectos nocturnos.

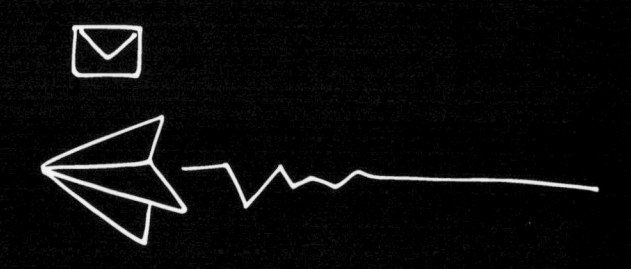

¿Derecha o izquierda?

Las denominadas *luces de navegación* están formadas por una luz verde en el ala derecha, una roja en la izquierda y una blanca en la cola del avión. Dichas luces se utilizan para que los pilotos desde su avión, o los controladores desde tierra, puedan determinar la dirección y la posición de otro avión en condiciones de baja visibilidad o de noche.

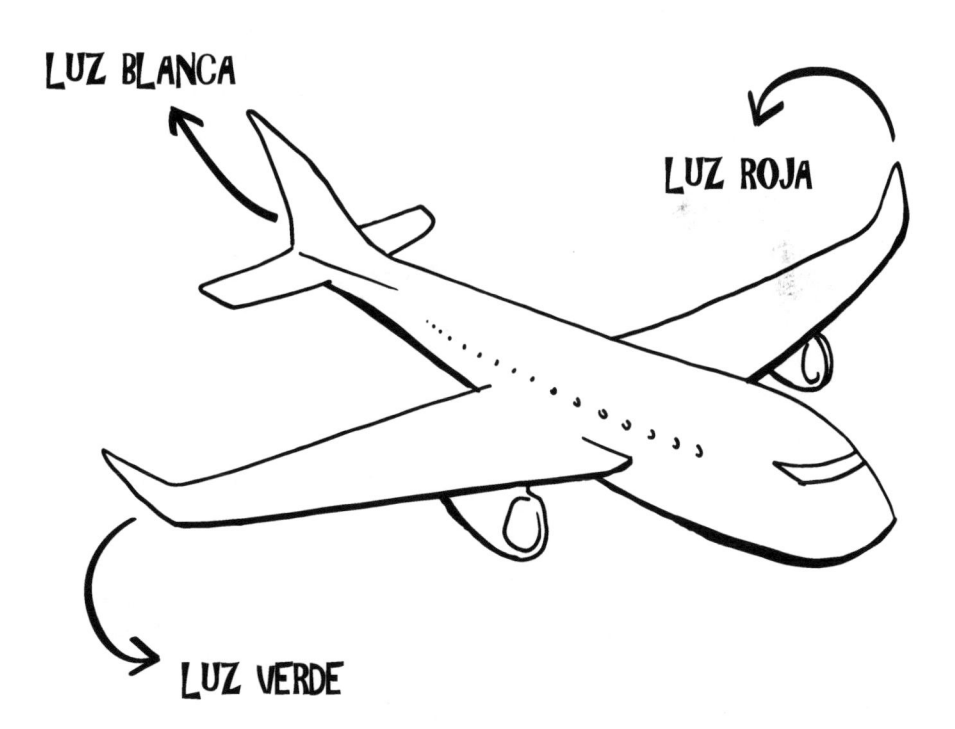

LUZ BLANCA

LUZ ROJA

LUZ VERDE

1954. El de Havilland 106 sufre dos accidentes el mismo año. Una descompresión debido a los ángulos rectos en la estructura y en las ventanas fue la causa de ambos siniestros.

Redondas mejor

En los aviones presurizados, como los comerciales, cabe evitar zonas puntiagudas en la estructura. Una de las partes importantes son las ventanas, ya que, si no fueran redondas, existiría una acumulación de estrés debido a la presión en las esquinas que podría crear grietas y causar una descompresión.

2013. Se lanza el proyecto en el que un robot, llamado *Air-Cobot*, realiza las inspecciones rutinarias de los aviones comerciales antes de cada vuelo.

"La Gran Parada": un puzle XXXL

Una de las innumerables revisiones que pasan los aviones es el Programa de Inspección Estructural, también conocida como "La Gran Parada", la cual es la revisión más minuciosa y detallada que se realiza. En ella, se comprueba durante aproximadamente un mes y medio el estado técnico del avión, se desmonta casi por completo y se sustituyen gran cantidad de piezas. Esta revisión deja al avión como recién salido de fábrica.

1933. Otto RÖHM patenta el Plexiglas. Este plástico, aún utilizado hoy en día en aviones pequeños como avionetas, posee las propiedades idóneas para la construcción de cabinas y parabrisas.

Fatigar al avión, algo necesario

Cuando se construye un avión, éste se somete a las denominadas *pruebas de fatiga*. Estas pruebas evalúan el comportamiento que tienen ciertas partes del avión a lo largo del tiempo, y una de ellas son las alas. En este caso, el avión se monta sobre una estructura que mediante una serie de brazos mecánicos mueven las alas simulando el vuelo. Estos brazos recrean durante varios meses las situaciones que el avión soportará durante 25 años de vida útil.

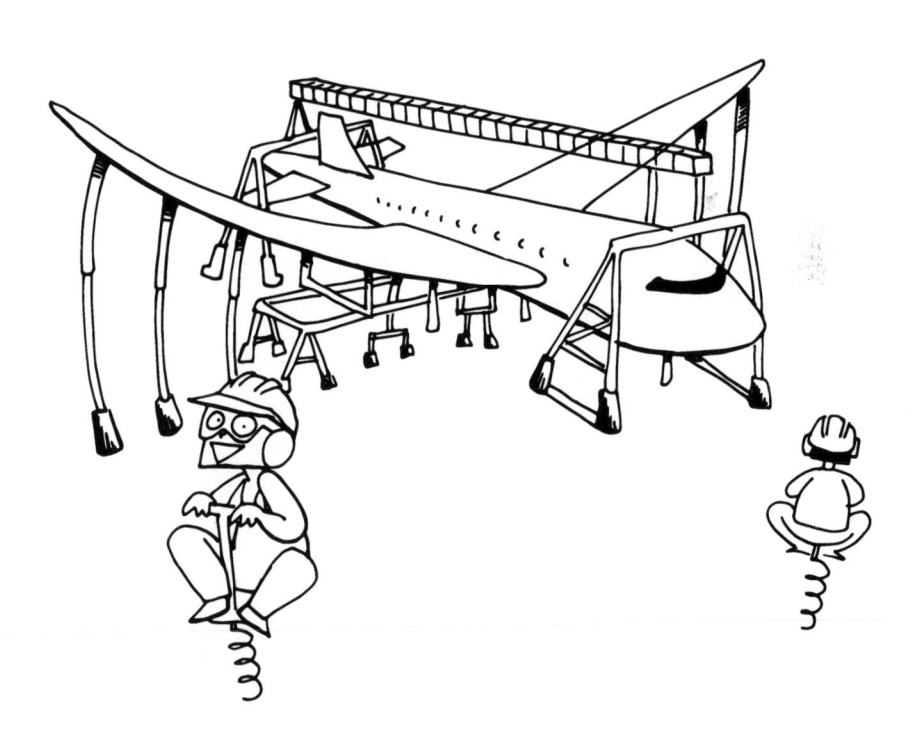

11.09.2001. Después de los atentados de las torres gemelas, las puertas de las cabinas de pilotos fueron reforzadas y construidas a prueba de balas.

Un miniagujero importante

No es casualidad que en las ventanas de los aviones haya un pequeño agujero. La parte más interna del fuselaje del avión es básicamente una parte estética, mientras que la parte exterior es la estructural. El agujero sirve de conexión para que la presión que se crea debido a la altura se cargue sobre la parte más externa del fuselaje y no sobre la parte interior.

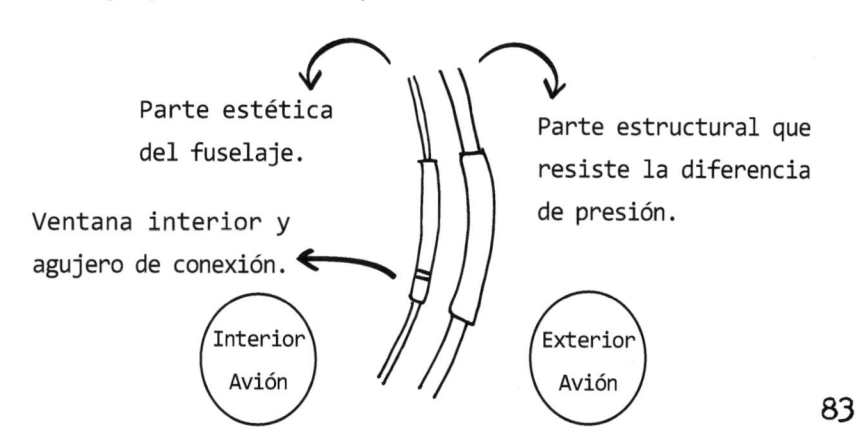

Parte estética del fuselaje.

Ventana interior y agujero de conexión.

Parte estructural que resiste la diferencia de presión.

Interior Avión

Exterior Avión

02.1917. Vuela por primera vez el Supermarine Nighthawk, que tenía un motor aparte para hacer funcionar una luz de rescate. Este motor se considera el primer APU de la historia.

El APU, el motor desconocido

La Unidad de Potencia Auxiliar (en inglés APU) es un motor muy similar a los que propulsan el avión pero de tamaño reducido y situado en la cola. Este dispositivo no genera empuje sino corriente eléctrica, cuando los motores están apagados, y permite el arranque de los mismos. En caso de que los motores sufrieran un paro en vuelo, el APU mantendría los controles principales, tales como luces y sistemas de los pilotos, en funcionamiento.

¡! El personal de tierra debe usar protectores auditivos debido al ruido que genera este motor.

El APU se puede ver encendido cuando el avión llega a la terminal o antes del vuelo.

85

1928. Peter MARKUS diseña el primer salvavidas para aviación. El invento se conocerá con el nombre de una actriz de la época llamada Mae West.

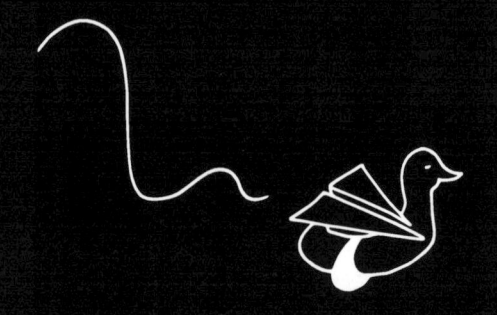

88, 89 y... ¡Tiempo!

Para poder certificar un avión para el vuelo, éste debe pasar una prueba de evacuación de emergencia. Dicha prueba consiste en desalojar el avión en menos de 90 segundos con el máximo número de pasajeros, la mitad de puertas inoperativas y a oscuras.

01.03.1912. Albert BERRY se convierte en la primera persona en saltar con paracaídas desde un avión, en Missouri, EUA.

¿Es un pájaro?
¿Es un avión?

Anteriormente los lavabos de los aviones usaban un desinfectante de color azul cuando se tiraba de la cadena. Se dieron casos de fugas en los depósitos que contenían las aguas residuales, formadas por las heces y el desinfectante. Durante el vuelo, la fuga de líquido se congelaba al instante debido a la temperatura exterior y llegaba al suelo de forma sólida y a gran velocidad. Este desagradable fenómeno se conoce como *blue ice* (hielo azul).

12. 1986. Dick RUTAN y Jeana YEAGER vuelan durante 9 días, 3 minutos y 44 segundos sin parar en el que es considerado el vuelo más largo sin repostaje en vuelo.

El secreto está en las alas

El repostaje de los aviones comerciales se realiza a través de las alas, ya que es donde se encuentran los depósitos principales. El aumento de peso en las alas, debido al combustible, contrarresta la fuerza ascendente de la sustentación. Esto reduce la fatiga del material en el punto de unión entre el ala y el fuselaje, y aumenta la vida útil del material.

10. 1907. Robert Esnault-PELTERIE vuela su avión R.E.P. 1. Este aviador es conocido por sus aportaciones, como los controles de vuelo, que aún hoy en día llevan los aviones, o la palanca de control para mover estas superficies.

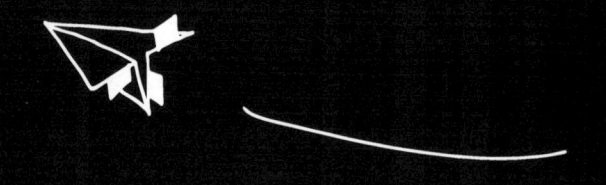

Cómo conducir por la pista

En los aviones comerciales se usa un volante de dirección, similar al de un coche, para dirigir el avión cuando está en tierra. Este volante se utiliza para controlar la rueda del morro cuando el avión circula a bajas velocidades por las calles de rodaje.

Normalmente este dispositivo está situado a un lado de los mandos principales de vuelo.

12.04.1937. Frank WHITTLE realiza pruebas en tierra del primer motor a reacción.

Una detonación necesaria

Una de las pruebas que los motores de aviones comerciales deben superar es la denominada *Blade-Off Testing*. Ésta consiste en probar que, en caso de una rotura de uno de los álabes del motor, los restos de la rotura no atraviesan la carcasa y causan daños en el fuselaje. Para llevar a cabo el test se hace explotar, con una pequeña carga explosiva, uno de los álabes mientras el motor está en funcionamiento.

20.09.1904. Con el Flyer II se realiza el primer vuelo circular.

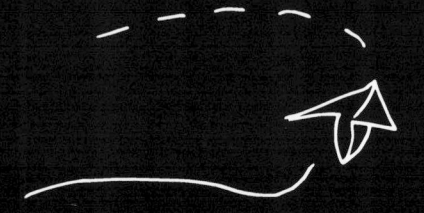

—¿Un *Gin-Tonic*, señor?

Un giro coordinado es aquél en el cual intervienen tanto las alas como el timón de dirección. De esta manera, los pasajeros no experimentan fuerzas hacia los lados ni zarandeos. Este tipo de giros son también la razón por la que las bebidas no se derraman cuando el avión se balancea. Para el bienestar del pasaje a bordo, los aviones comerciales siempre realizan este tipo de giros.

Timón de dirección

11.03.1996. Se hace obligatoria la instalación de luces anticolisión en todos los aviones que se fabrican a partir de esta fecha.

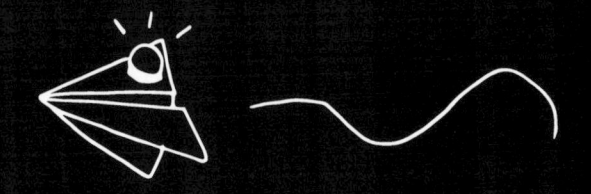

Peligro de ser engullido

Una de las luces que poseen los aviones es la llamada *luz anticolisión*. Esta luz, intermitente y de color rojo, se conecta cuando el avión va a encender los motores y se desconecta cuando los motores están apagados. De esta forma, el personal de tierra sabe cuándo puede acercarse de modo seguro al avión. Hasta que el piloto no apague las luces, nadie podrá aproximarse, ya que existe riesgo de ser absorbido por los motores.

En los aviones comerciales esta luz se encuentra en la parte superior e inferior del fuselaje.

04.11.1909. Primer vuelo de carga de la historia: John MOORE-BRABAZON ata al avión una caja con un cerdo pequeño.

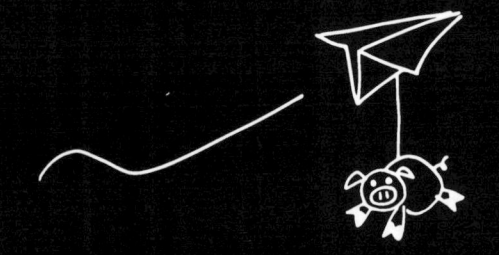

El avión encabritado

Las bodegas de los aviones, donde van las maletas facturadas, por ejemplo, se encuentran en la parte inferior del avión. Existen varias bodegas, que van desde la parte delantera hasta la cola. Al cargar estas bodegas siempre se empieza cargando las delanteras, ya que, si se cargaran las traseras primero, el avión podría balancearse y tocar con la cola al suelo causando daños en la estructura.

La distribución de las maletas es importante, puesto que el centro de gravedad del avión debe mantenerse dentro de unos límites.

1950. La empresa Dunlop patenta el sistema de frenado ABS y se implementa en los primeros aviones. La reducción de la distancia de frenado hizo que más adelante también se instalara en coches.

Después del vuelo, ¿cómo deceleramos?

Los *spoilers* son unos dispositivos, presentes normalmente en la parte superior de las alas, que tienen como finalidad reducir la sustentación del ala. Su funcionamiento consiste en desplegar una superficie hacia arriba que, al generar resistencia, hace que el avión reduzca su velocidad. Por este motivo, los aviones normalmente utilizan los *spoilers* durante el descenso y el aterrizaje.

1924. Harlan D. FOWLER inventa y da nombre a uno de los tipos de *flaps* más utilizados por los aviones comerciales actuales: el *flap* Fowler. El primer avión en usarlos es el Martin 146 en 1935.

Pregunta de examen: los *flaps*

Los *flaps* son unas superficies extensibles presentes en la parte delantera y trasera de las alas. Estos dispositivos modifican la forma del ala para permitir al avión sustentarse a bajas velocidades. Por esta razón, los *flaps* pueden verse durante las fases de despegue y de aterrizaje. Los *flaps* presentes en la parte delantera del ala se denominan *slats*.

10.06.1965. El vuelo BE343 de la compañía BEA es el primero en realizar un aterrizaje automático con pasajeros a bordo, en París Le Bourget, con el avión HS Trident 1.

El sistema de aterrizaje automático se usa hoy en día en los aviones comerciales, puesto que permite a los pilotos tomar tierra con baja visibilidad o durante la noche.

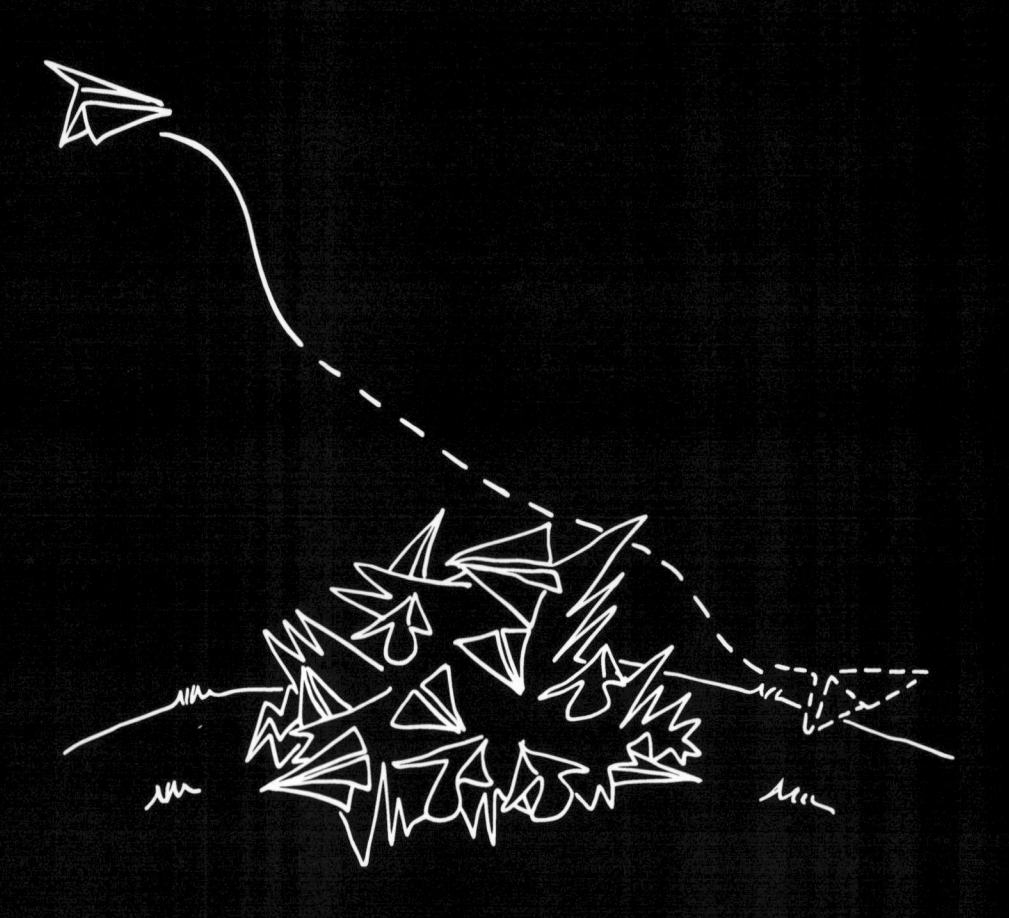

¡El motor también frena!

La reversa es un procedimiento usado para desacelerar el avión una vez que toca al suelo. Este método de frenada consiste en cambiar la dirección del empuje que generan los motores. De este modo, cuando el avión aterriza y el piloto activa la reversa, un mecanismo se encarga de que el flujo de aire que expulsa el motor no vaya hacia atrás sino hacia delante. La activación de la reversa se puede oír desde la cabina puesto que genera bastante ruido.

27.04.2005. Vuelo inaugural del Airbus A380 en Toulouse, el avión de pasajeros más grande del mundo.

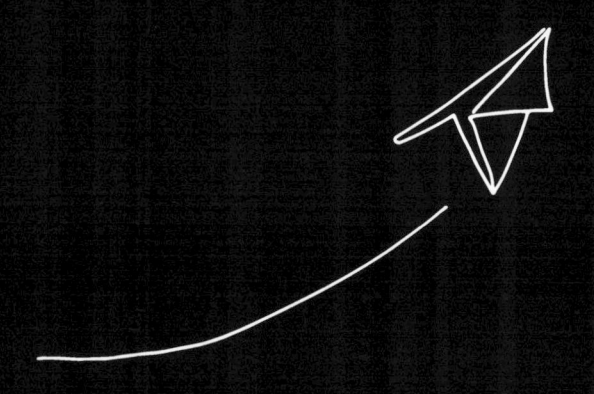

A380, el hermano mayor

El Airbus A380 es actualmente el avión de pasajeros más grande que existe. Los dos pisos, dedicados a albergar a 525 pasajeros, hacen que el tamaño del fuselaje sea más ancho que el de un avión de menor tamaño. Para poder controlar direccionalmente el avión debido a este ancho, éste posee un enorme timón de dirección. El A380, desde el suelo hasta la punta del timón, mide 24,1 metros de altura. Puede no parecer mucho, pero el A320, su hermano menor, tiene una envergadura de 34,1 metros.

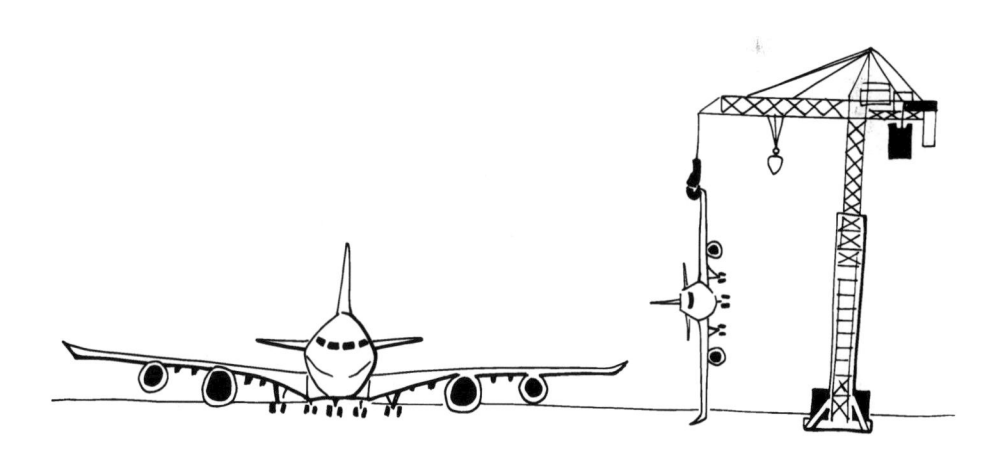

1910. Benjamin D. **FOULOIS** instala por primera vez ruedas en un avión. El primer avión en sustituir los esquíes por ruedas fue el prototipo de los hermanos **WRIGHT**.

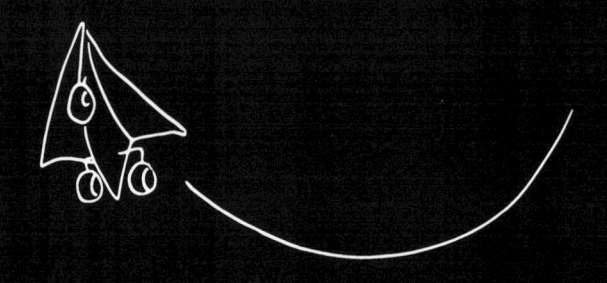

Nitrógeno, el gas que mola

Las ruedas de los aviones van llenas de nitrógeno en vez de aire. El nitrógeno se ve menos afectado por los cambios de temperatura y de presión que sufre el avión durante el vuelo. Además, el nitrógeno, a diferencia del oxígeno, evita la corrosión de la goma por el interior de la cámara. Este gas inerte también evita que las ruedas exploten o se cree una combustión en el interior durante el aterrizaje, por ejemplo, momento en el cual la temperatura aumenta.

1963. El asiento donde se sitúa el triángulo para la fácil visualización del ala se denomina *asiento de William SHATNER*.

INFO

William SHATNER fue un actor que apareció en la serie *Twilight Zone*, que se emitió en 1963. En un episodio William ve a un *gremlin* en el ala desde su ventana del avión. Este hecho hizo que el asiento donde está el triángulo se conociera con su nombre.

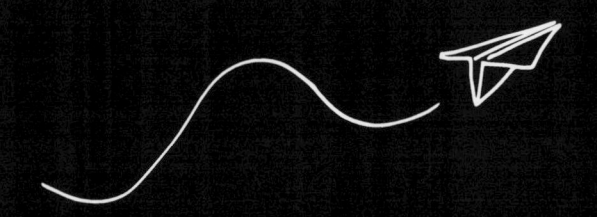

HOLLYWOOD

El triángulo famoso

En la cabina de pasajeros existen dos ventanas que poseen una pegatina con un pequeño triángulo negro. Este símbolo indica a la tripulación y a los mecánicos la mejor posición para observar el ala y sus sistemas. De este modo el personal puede localizar la ventana y realizar las comprobaciones necesarias de forma rápida y fácil.

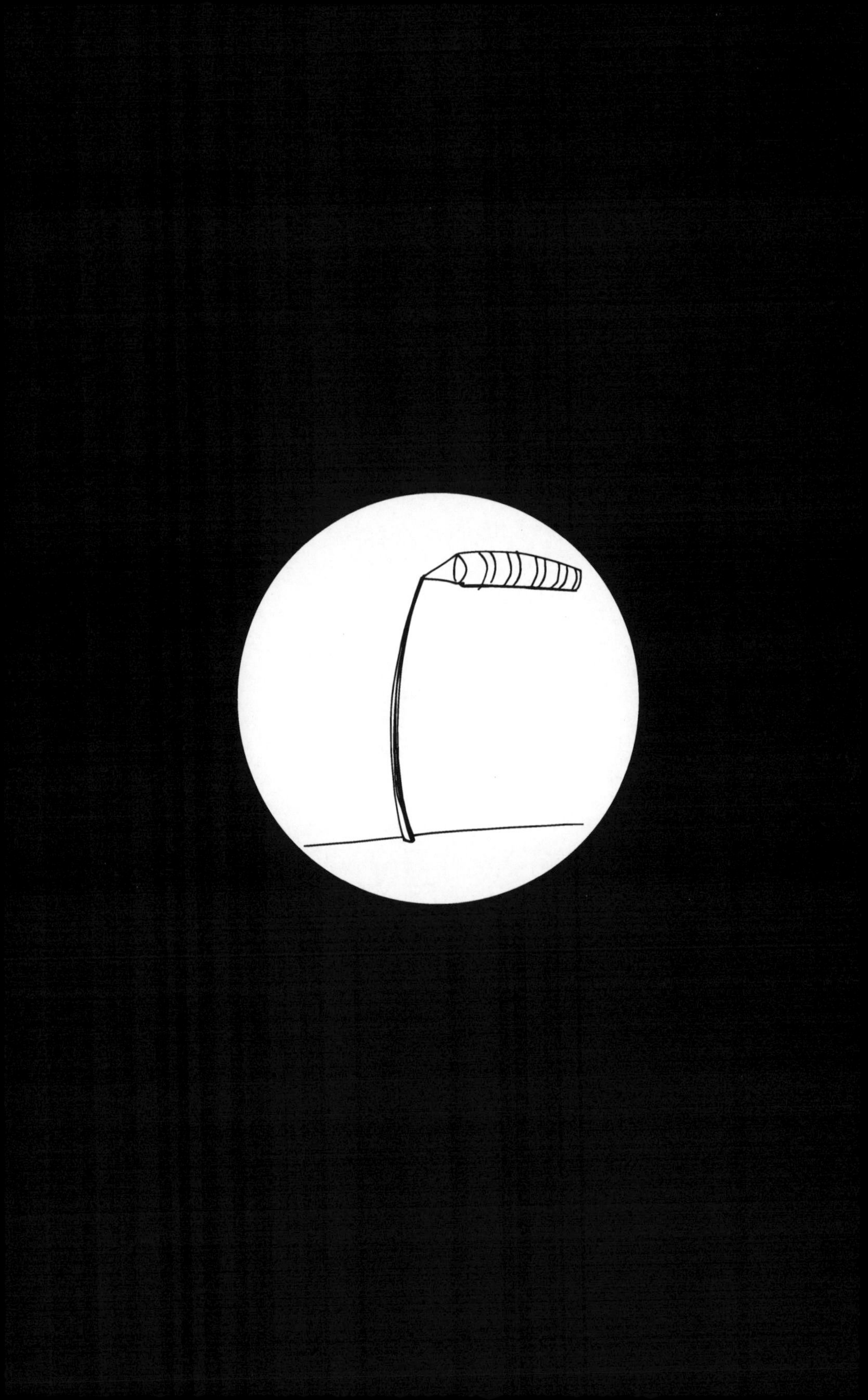

AEROPUERTO

1929. En St. Louis, EUA, Archie LEAGUE se convierte en el primer controlador aéreo de la historia.

—La inclinación no es para eso, Jonny

Los vidrios de las torres de control están inclinados 15 grados para evitar reflejos a los controladores producidos por los monitores y equipos de dentro de la torre.

Estos cristales son tratados para aislar de ruidos del exterior, para asegurar la correcta transmisión de luz, para resistir el viento y para evitar deslumbramientos y el efecto de doble imagen.

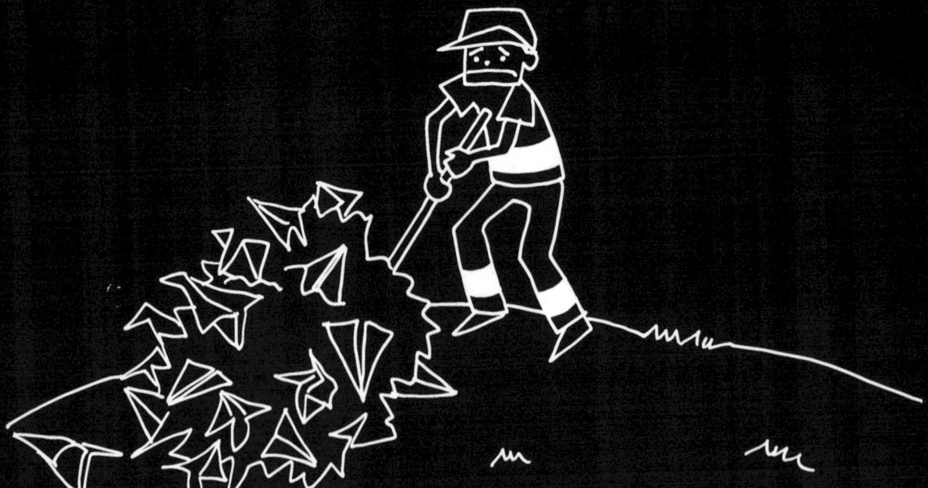

Emergencias y "emergencias"...

Un aeropuerto debe asegurar que sus equipos de salvamento y antiincendios no tardan más de 3 minutos en llegar a cualquier zona del aeropuerto. Dentro de este límite de tiempo y en caso de tratarse de un incendio, estos equipos deben ser capaces de comenzar a aplicar espuma o agua a la zona afectada. De este modo, un aeropuerto asegura una respuesta rápida en caso de emergencia en cualquier zona.

03.1910. Émile AUBRUN realiza los primeros vuelos nocturnos en Argentina a bordo de un Bleriot XI.

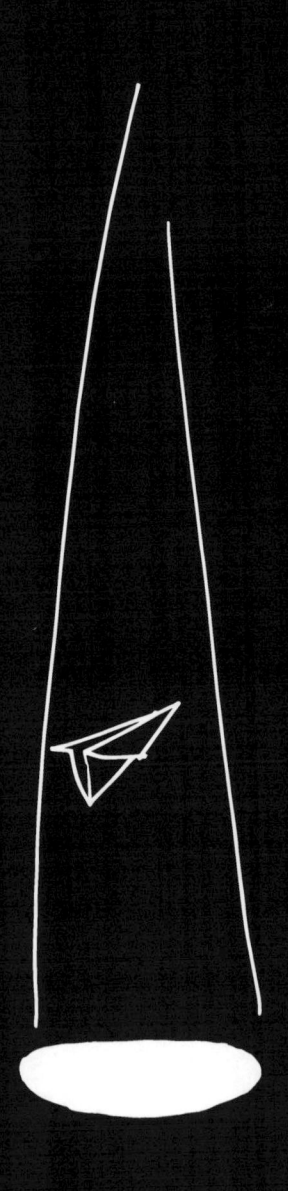

El control de ruido

Los aviones poseen un Certificado de Niveles de Ruido. Este certificado pretende demostrar que la aeronave no excede de ciertos valores de EPNdB (Ruido Efectivo Percibido en Decibelios) en determinadas zonas del aeropuerto y en unas condiciones determinadas. Con esta regulación, que depende del tipo y del tamaño de la aeronave, se controla el impacto acústico de los aviones en los aeropuertos.

1930. En esta década aparecen en EUA las primeras luces en aeropuertos, que facilitan las operaciones nocturnas. Éstas guiaban al piloto a través de un haz de luz hasta la pista.

Los números de las pistas

Las pistas de despegue o aterrizaje se denominan según la dirección en la que apuntan. Es decir, los números que las identifican hacen referencia a los grados respecto al norte magnético sin el último número. Por ejemplo, una pista en la dirección 220 grados se denominará Pista 22. Hay que tener en cuenta que las pistas se pueden usar en dos direcciones diferentes; por eso, una misma pista tiene una numeración para un sentido y otra para el opuesto.

03.04.1912. Durante una demostración en California, Calbraith Perry RODGERS fallece al chocar contra una gaviota. Se convierte en el primer muerto debido a una colisión con aves.

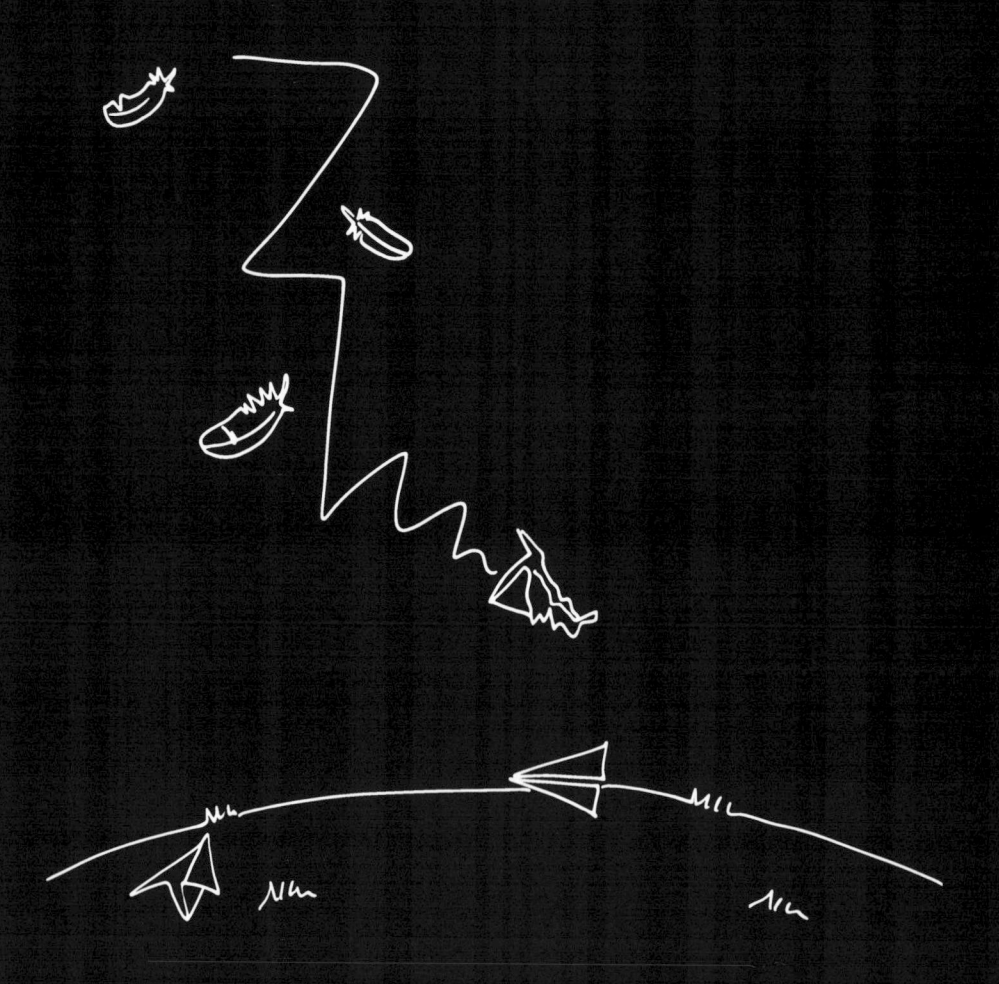

Halcones, los vigilantes del aire

Muchos aeropuertos utilizan servicios de cetrería (aves rapaces) para ahuyentar aves u otros animales en el mismo aeropuerto. Este método garantiza la seguridad de las operaciones y minimiza riesgos como una posible colisión con aves durante el despegue o el aterrizaje.

1993. Debido al crecimiento de la aviación durante la década de los 90, se crea la primera normativa sobre los *slots*.

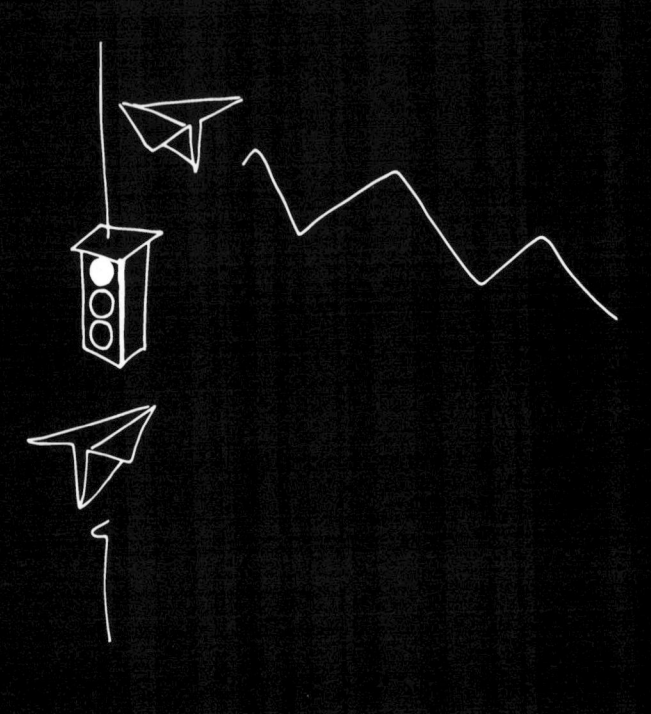

—Se nos acaba el tiempo, Comandante

Un *slot* es el margen de tiempo que tiene una compañía aérea para realizar una determinada operación dentro del aeropuerto. Es decir, cada avión tiene una ventana de tiempo en la que debe, por ejemplo, despegar o aterrizar. Si en ese tiempo éste no despega o aterriza, pierde el *slot* y con ello la preferencia. De este modo, la aeronave deberá esperar hasta que el resto de aviones dejen espacio libre.

01.05.1981. American Airlines es la primera compañía en ofrecer a sus clientes un programa de puntos con descuentos para viajeros habituales.

Aviones multiculturales

Se denomina *hub* a un aeropuerto grande que sirve de conexión entre los vuelos de corta y larga distancia. Las aerolíneas que realizan vuelos largos llenan los aviones de mayor capacidad con pasajeros provenientes de aeropuertos más pequeños. Esta escala es una forma de centralizar el tráfico hacia destinos, por ejemplo, intercontinentales.

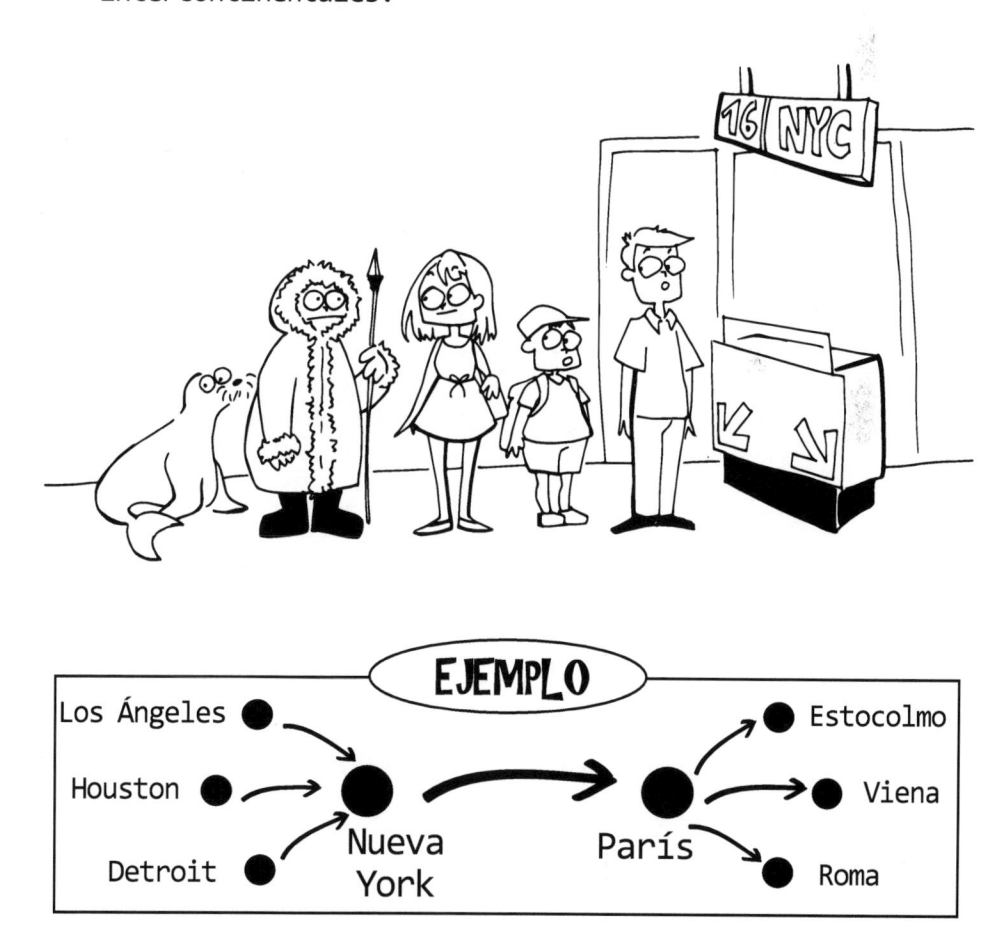

EJEMPLO

Los Ángeles → Nueva York
Houston → Nueva York
Detroit → Nueva York
Nueva York → París
París → Estocolmo
París → Viena
París → Roma

01.1973. En algunos aeropuertos se comienzan a instalar detectores de metal y escáneres para maletas debido a los numerosos secuestros de aviones ocurridos, sobretodo, a principios de los 70.

De un lado a otro

Cualquier aeropuerto posee dos partes: lado aire y lado tierra. En primer lugar, el lado aire es aquel espacio en el que la aeronave lleva a cabo sus operaciones aeroportuarias. Este espacio incluye pistas, estacionamientos de aeronaves o hangares. En segundo lugar, el lado tierra posee aquellos elementos que permiten tratar a los pasajeros, a la carga y a los equipajes antes y después del vuelo.

La conexión entre ambos lados se hace a través de los controles de seguridad.

1938. La Civil Aeronautics Board crea las primeras limitaciones para maletas a bordo. La primera restricción fue que el peso debía ser inferior a 18 kg.

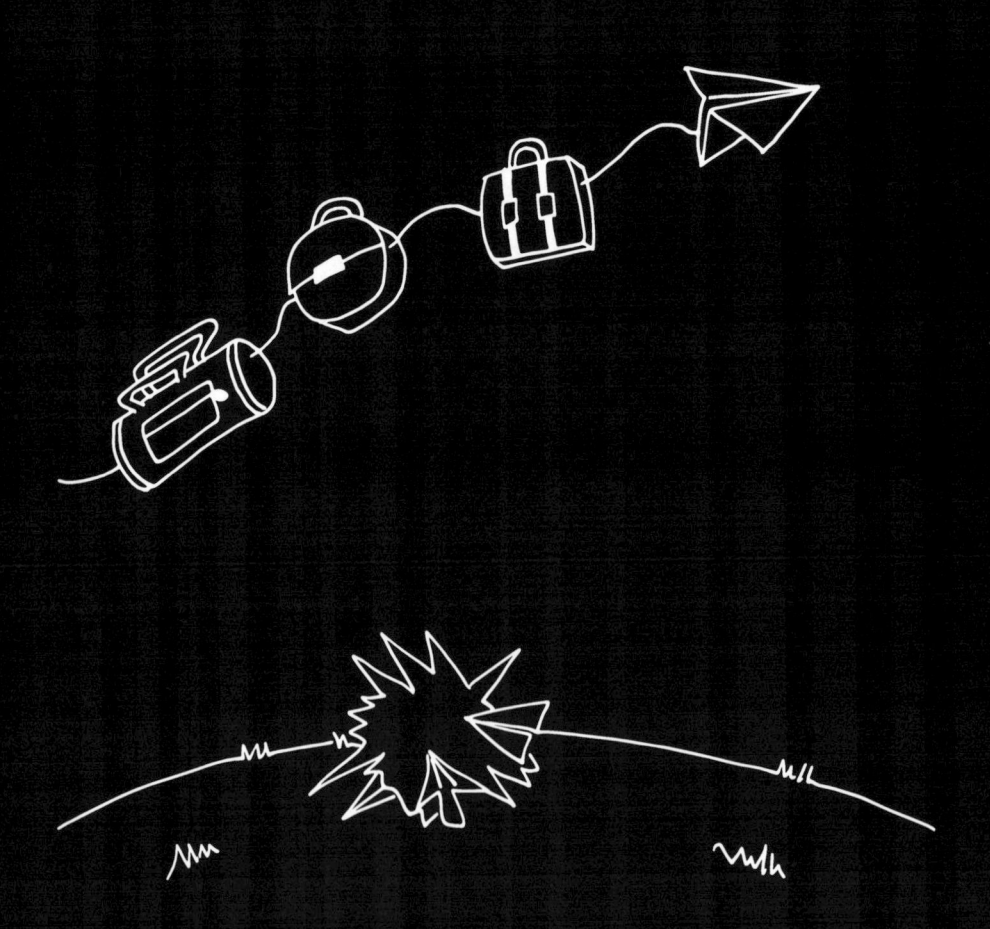

Seguimos para Bingo

Las maletas que son facturadas y que van a ser cargadas en un avión están en todo momento identificadas. Cuando las maletas se cargan en los carros que van al avión, una etiqueta identificativa de cada maleta se pega en un folio que va en cada carro. Este folio, llamado *Bingo Card*, permite que cada carro de maletas lleve identificado qué maletas transporta. De esta forma, se sabe el total de maletas que viajan, se verifica que son del vuelo correcto y se sabe de qué pasajero es cada maleta.

25.11.2014. Por primera vez, se usa en Frankfurt un tractor de Pushback robotizado para trasladar un avión de la plataforma hasta la pista de rodaje.

Empujar un avión, una tarea compleja

Un avión estacionado en una puerta de embarque necesita ser remolcado hasta la calle de rodaje (zona pavimentada que conecta las pistas con los estacionamientos). Como los aviones no poseen marcha atrás, se utilizan los denominados tractores de *Pushback*. Con tal de realizar con facilidad su función, éstos pueden llegar a pesar lo equivalente a 50 coches y a arrastrar más de 7 veces su propio peso.

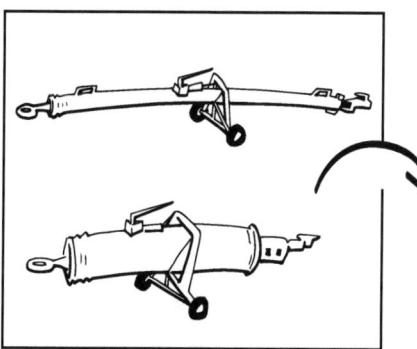

Las barras que unen el tractor con el avión son intercambiables. Su largura y grosor dependen del tamaño del avión.

22.07.1959. Se instala por primera vez un *Jet Bridge* en un aeropuerto. Estas pasarelas para acceder a la aeronave en España se conocen como *Fingers*.

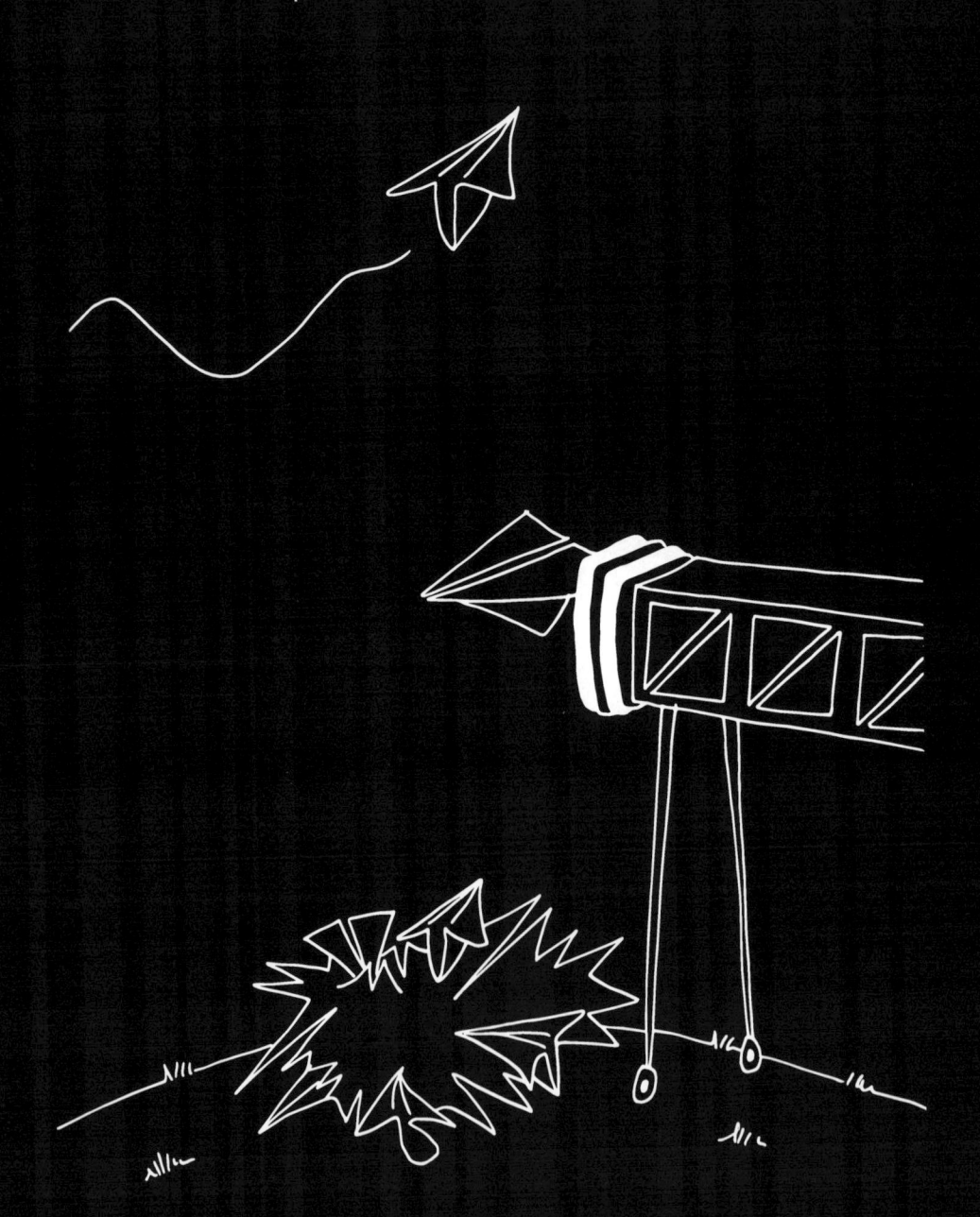

Los autobuses no se riegan

Los autobuses que se utilizan para transportar pasajeros desde la terminal hasta el avión son conocidos con el nombre de "jardineras". Esto es debido a que su forma recuerda a una maceta alargada.

Estos vehículos tienen una gran capacidad de pasajeros, ya que apenas tienen asientos. Además, el hecho de no circular por la vía pública permite que puedan ser más anchos y más largos que un autobús normal. Normalmente, las "jardineras" se usan cuando un avión no está cerca de la terminal y los pasajeros no pueden acceder mediante una pasarela.

1980. Eastern Air Lines usa los primeros sistemas para tratar los equipajes automáticamente en el Aeropuerto de Miami, EUA.

Montaña rusa solo para maletas

El Sistema Automático de Tratamiento de Equipajes permite clasificar las maletas de manera automática en aeropuertos grandes. Una vez los pasajeros facturan las maletas, éstas pasan por todo un entramado de vías y son llevadas hasta la zona de carga donde serán transportadas hasta el avión. Este sistema permite identificar automáticamente hacia dónde debe dirigirse cada maleta. Las enormes instalaciones pueden superar los 20 kilómetros de vías, que suben y bajan durante su recorrido.

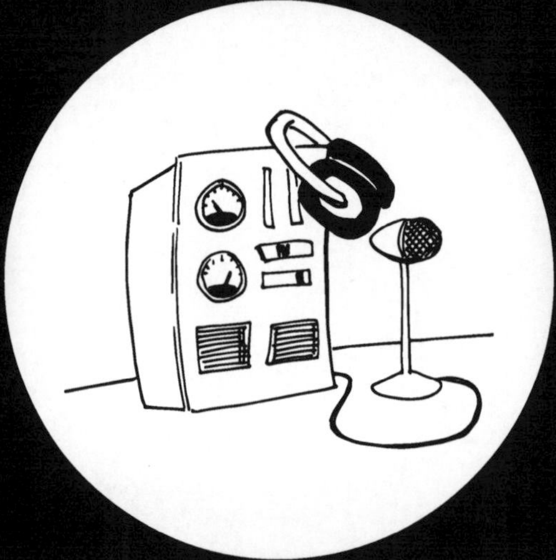

NAVEGACIÓN Y SISTEMAS

08.1910. Frederick BALDWIN y John MCCURDY son los primeros en enviar mensajes de radio a tierra desde un avión.

—Óscar, un *whisky* con Lima

El alfabeto radiofónico denomina a cada letra con una palabra determinada con el objetivo de evitar confusiones entre, por ejemplo, piloto y controlador. Este alfabeto es usado para deletrear códigos, identificaciones de aeronaves o similares.

A Alfa	H Hotel	O Oscar	V Victor
B Bravo	I India	P Papa	W Whisky
C Charlie	J Juliet	Q Quebec	X X-ray
D Delta	K Kilo	R Romeo	Y Yankee
E Echo	L Lima	S Sierra	Z Zulu
F Foxtrot	M Mike	T Tango	
G Golf	N November	U Uniform	

1935. Robert-Watson **WATT** patenta el primer sistema de radar. Este invento tiene hoy en día múltiples utilidades, como detectar aviones cercanos o relieve del terreno, o incluso detectar precipitaciones.

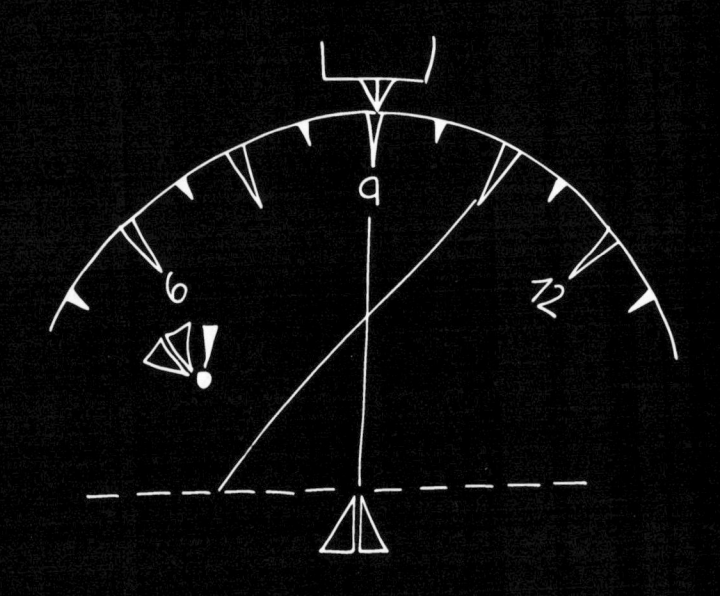

—Soy ATIS. ¿En qué puedo ayudarle?

El ATIS es un mensaje automático que tiene como finalidad quitar carga a los controladores aéreos en aeropuertos congestionados. Este mensaje contiene información importante para los pilotos, como la meteorología de la zona o las pistas usadas para aterrizaje y/o despegue. Normalmente los pilotos lo sintonizan antes de cada vuelo y antes de contactar con la torre.

28.09.1924. Culmina con éxito la primera circunnavegación de la tierra, llevada a cabo por un grupo de aviadores del ejército de los EUA. El viaje se llevó a cabo en 175 días.

—Apuesto por el grande

Los denominados "hipódromos" son circuitos que realiza el avión en el aire cuando no está autorizado a aterrizar, normalmente debido a la congestión del aeropuerto. Estas vueltas al circuito permiten al avión mantenerse a la espera de tomar tierra cerca del aeropuerto. El nombre viene dado por la similitud que tienen estos circuitos al lugar donde se realizan las carreras de caballos.

27.09.1990. United Airlines es de las primeras compañías en introducir comunicaciones por satélite en sus aviones.

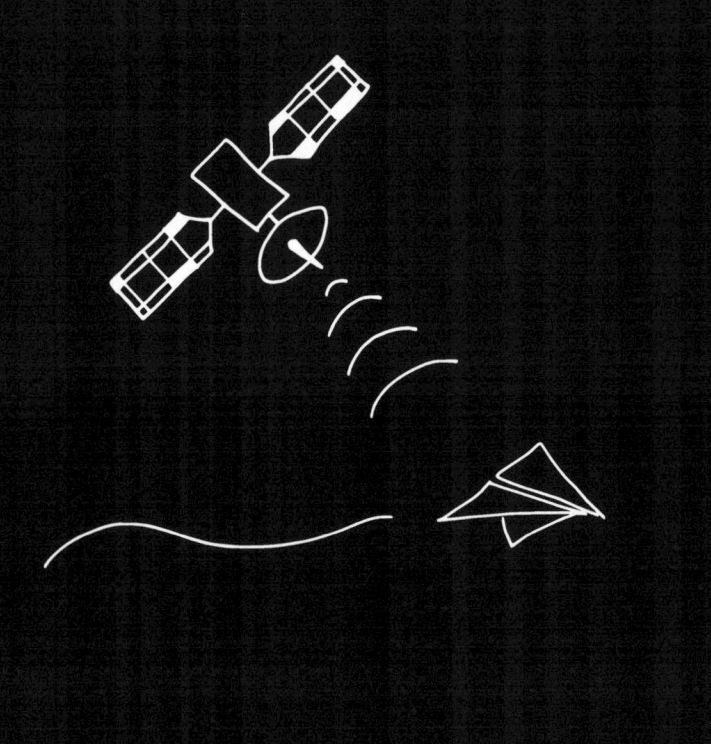

—No estás en la onda, colega

Normalmente la comunicación entre piloto y controlador se realiza mediante *Very High Frequency* (Muy Alta Frecuencia). El problema de las frecuencias VHF es que existen lugares, tales como desiertos u océanos, en los que no llega la señal. En estos casos se utilizan frecuencias más bajas, como las *High Frequency* (Alta Frecuencia), para poder realizar la comunicación. El alcance de estas últimas es mayor, pero existen interferencias y la calidad de la escucha es inferior.

05.1932. Albert HEGENBERGER consigue volar completamente sin visibilidad dependiendo solo de instrumentos.

¿Cómo aterrizar, si no ves la pista?

Uno de los sistemas más usados y conocidos que ayudan al piloto a aterrizar es el Sistema de Aterrizaje Instrumental, en inglés ILS. Este sistema guía al piloto horizontal y verticalmente en su aproximación a la pista. Este sistema tiene diferentes tipos de precisión. Una mayor precisión implica que el piloto puede acercarse más al suelo, pudiendo llegar a aterrizar sin mirar al exterior. Una menor precisión, en cambio, implica que el piloto debe ver la pista a una altitud determinada para continuar con el aterrizaje.

25.07.1909. Louis BLÉRIOT se convierte en la primera persona en cruzar el Canal de la Mancha desde Francia hasta Inglaterra.

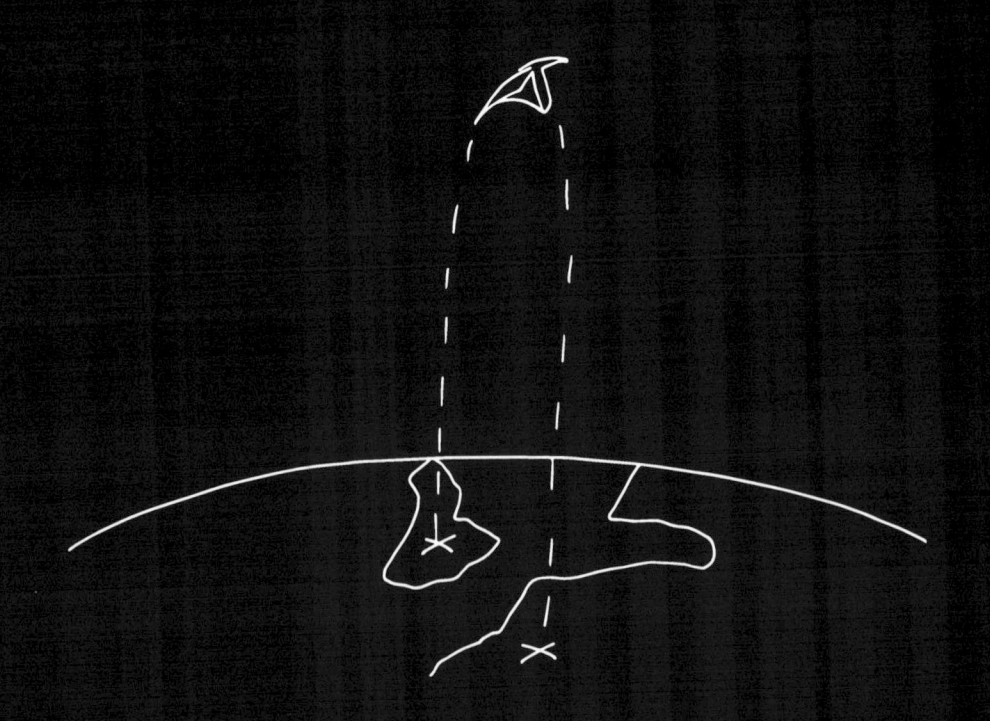

¡Mayday!

La señal de socorro *Mayday*, que se utiliza para dar a conocer una situación de emergencia a través de la radio, tiene su origen en 1923. En aquella época, los pocos vuelos que llegaban a Inglaterra provenían en su mayoría de Francia. Cuando los pilotos franceses se comunicaban con los operadores de radio ingleses debido a una emergencia, usaban el término *m'aidez*, que en francés significa "ayudadme". Frederick Stanley Mockford fue quien estableció el término *Mayday* a partir de la expresión que usaban los franceses para pedir auxilio.

C'est fini

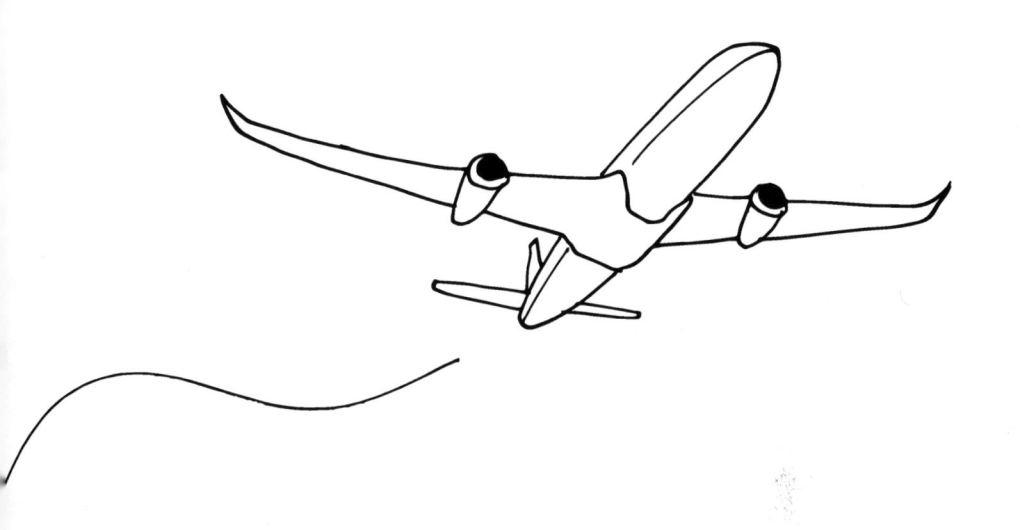

Autores

Dario Borhani

Salido del cascarón en 1991, Dario es Ingeniero Aeronáutico por la UPC. Máster en Alfombras Voladoras. Dario desarrolla su carrera dentro del sector del mantenimiento aeronáutico y con su primer libro nos muestra la aviación desde su lado más divertido.

Sònia Tapiolas

Marta Genís

Marta Genís aterrizó en este mundo en 1993. Entre sus estudios destacan un máster en diseño de aviones chulos, otro en ilustración específica de azafatos molones y actualmente se está doctorando en aeronáutica aplicada a la ilustración.

Sònia Tapiolas

Printed in Germany
by Amazon Distribution
GmbH, Leipzig